纺织服装高等教育"一
高等院校服装工

U0567141

服装

潘健华 著

人体工程学与设计

（第二版）

东华大学出版社
·上海·

图书在版编目(CIP)数据

服装人体工程学与设计/潘健华著.—2 版.—上海：
东华大学出版社,2015.2
ISBN 978-7-5669-0723-3

Ⅰ.①服... Ⅱ.①潘... Ⅲ.①服装—工效学
—高等学校—教材②服装设计—高等学校—教材
Ⅳ.①TS941.17②TS941.2

中国版本图书馆 CIP 数据核字(2015)第 013831 号

服装人体工程学与设计(第二版) 　　　　　　　　潘健华　著
Fuzhuang Renti Gongchengxue Yu Sheji

东华大学出版社出版　　　　　　　上海市延安西路 1882 号
新华书店上海发行所发行　　昆山市亭林印刷有限责任公司印刷
开本：787 mm×1092 mm　1/16　印张：11　字数：290 千字
2015 年 2 月第 2 版　　2015 年 2 月第 1 次印刷

ISBN 978-7-5669-0723-3/TS·582　　　定价：32.00 元

前　言

人们早在 1891 年美国芝加哥工业设计展中就提出:"让技术设计去适应人!"此后受工业革命的影响,产品的集约化、模式化、成批性使人们渐渐失去自我,共性成分抑制了个性化的要求,尤其是服装产品。成衣概念(Ready-to-Wear)的普及使人们的服装行为趋向雷同,追求批量生产及降低成本的结果必然是扼杀人的个性价值与人性化需求,加上长期以来服装行为受到政治、经济及文化的制约,服装应具备的人体工程内容被忽略了,服装科学与服装绩效更是受到不应有的冷落与偏废。

20 世纪 90 年代末,"以人为本""人性化设计"已成为设计学科关注的焦点,设计师在营造物质世界的过程中,越来越注重对人们自身要求的满足以及人与环境、物质媒介之间和谐默契的追求,最大限度地使所设计门类的介质与效能达到最佳状态。如今,在服装创造中,设计师从偏重形式的主观表述到开始顾及服装的机能与工效,体现设计要求的合理化与科学性。服装人体工程成为达到这个目标的参照及依据,它使服装各个系统与部门在创造过程中有客观、系统的科学定位,而不仅仅局限在表象的形式美构成上,也就是说"形式美"应该建立在发挥人体运动、安全、卫生、舒适等生理、心理的综合绩效上,力求设计的严谨与服装机能的发挥。

服装人体工程学是服装学科的前沿课题,它是人类(体)工效学的分支学科,是结合专业特性与人类工效学内容而构成的独立系统,目的在于将过去的"人适应衣服"改变为"衣服适应人",从而实现人与服装、人与环境之间以及"形式美"与"功效性"在服装设计过程中的和谐与统一,使服装介质的各个指标与人体各种要求相适应,让服装的艺术成分与穿着的实际效能达到最佳匹配状态。

本书共分九章,每章讨论一个主题。第一章导论,主要阐述"人—服装—环境"系统的界面关系,通过对研究对象与内容的分析,结合服装人体工程的历程,提出研究的方法;第二章讨论人体与服装的功能问题,对服装保护人体的性质进行分析;第三章人体观察与设计的关系,讨论服装构成与人体各部位的匹配;第四章服装的作用与人体生理系统,对服装穿着量、微气候、压力、肌肤卫生给予分析;第五章服装人体工程与面料系统,研究人体要求如何与面料性质配合；第六章服装与人的知觉及其心理系统，对人的视觉、知觉及心理因素与服装的形态、色彩、标志图形等内容作评价；第七章关于人体测量的价值与运用作系统介绍；第八章对特殊防护服的品种、要求、理化指标作分析介绍；第九章列出了设计新理念的提升内容并有实例分析。另外，在附录中还加入了一些对服装设计师的工作有价值的参数与资料。

本书围绕"人—服装—环境"系统之间的界面关系，以设计师的角度去审视，内容力求通俗实用，使人体工程学中的理性资讯在服装设计过程中得以运用，对服装专业研究人员、高校学生、市场营销者均有学习、参考价值。同时，由于服装人体工程学的研究与专业培养尚属初级阶段，书中难免有不妥之处，意在抛砖引玉，期待同行的关注和参与。

本书在编写过程中，参阅了国内外有关人类工效学、服装设计、服装卫生、服装防护、人体生理、人体心理等有关的著作与研究文献。引用的有关资料均在注释中列出，谨向有关文献的作(译)者致以诚挚谢意。

作　者
2015 年 1 月

目　录

第一章
服装人体工程学与设计导论

第一节　什么是人体工程学

人体工程学是一门新兴的综合学科。以人体测量学、生理学、心理学和卫生学等作为研究手段和方法,综合地进行人体结构、功能、心理以及力学问题的研究学科。① 欧洲通称"人类工效学",日本称之为"人间工学"。

20 世纪 70 年代以来,人体工程学最根本的工作与目的是认真详尽地分析人类的活动,研究对人提出的各种需求,各方面做到"以人为本",以及任何外界变化可能产生的影响,力求设计上最大限度地发挥绩效。

人体工程学研究对于设计学科的作用:

(1) 为设计中考虑"人的因素"提供人体尺度参数:应用人体测量学、人体力学、生理学、心理学等学科的研究方法。对人体结构特征与体表特性进行研究,提供人体各部分的尺寸、体表面积、重心、运动、比重以及人体各部分在活动时相互关系与活动范围、生理变化、能量消耗、疲劳程度、负荷压力、心理反映等等,为设计全面考虑"人的因素"提供科学的数据与分析,将这些数据运用渗透到设计中去。体现了现代设计的目的是为人而不是产品,强调"用"与"美"的高度统一,"物"与"人"的完美结合。

(2) 为设计中"产品或物件"的功能与效能提供科学依据。现代设计中如设计的"产品"不考虑人体工程学的需求,那将是创意活动的失败。只有匹配地解决"产品"与人相关的各种绩效最优化,创造出与人的生理与心理肌理相协调的"产品",才能完满的体现设计。

(3) 为设计中考虑"环境因素"提供设计准则。通过人体对环境中各种理化因素的反应与适应能力。分析形、色、光、声、热、材料、气候等等环境因素对人体生理、心理以及工作或实用的效率的影响程序,确定人在生活和生产活动中所处各种环境的舒适度与安全性限度,从保证人体健康、安全、舒适、高效出发,为设计理念中考虑"环境因素"提供设计方法与准则。

人体工程学是为设计开拓新思路,提供科学合理设计方法的理论依据。节能社会的理念与科学技术进步要求人们更加重视设计领域中对设计"方便""舒适""可靠""安全""价

---

① 《辞海》(第三卷):上海辞书出版社 1989 年版,第 809 页。

值""效率""卫生与环保"等的提升与刻意追求。人体工程学为创造更符合人的生理、心理及高效、优化和完美的"人—机—环境"系统提供了科学的保证。

思考与实践：

人体工程学理念的思考与研究分析(一)

■ **案例一 生活中的伞文化**

伞是我国首创，据传是鲁班的妻子云氏发明的。在我国已有四千多年的历史了。

最早的伞称为"华盖"，是达官显贵的装饰品和士大夫权势的象征物。汉朝以后出现了"纸伞"，唐朝后传入日本，又于 16 世纪传入欧洲。因此，达·芬奇根据力学原理发明了第一个"降落伞"，18 世纪发明的"伞齿轮"，也是仿照伞的截面形状设计的。

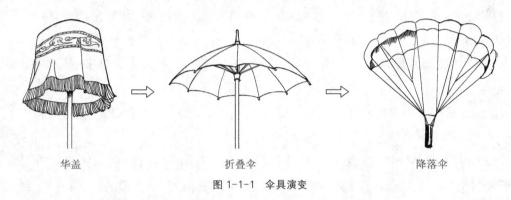

华盖　　　　　　　折叠伞　　　　　　　降落伞

图 1-1-1　伞具演变

1957 年，北京师范大学老焱若教授从人体肘关节能曲能伸得到启发，改良了传统伞而发明了"折叠伞"。这是伞在人体工程学的应用中最能符合工程学原理的表现。人们携带起来方便了许多，因此深受广大群众欢迎。从此，现代的伞根据人们的实际需求一把比一把精美，从直推伞到折叠伞，无套伞到有套伞，总之，千年的应用与不断改良，伞便演变成了一种文化——生活的文化。

（实践人：吕思墨）

■ **案例二 手表的演变与发展**

纵观小小的手表的发展便能从中看出人类的智慧自始自终是为人类本身服务的。

早在 1270 年前后的意大利北部和德国南部一带就出现了早期机械式时钟。1510 年，德国的锁匠首次制出了怀表。

1806 年，拿破仑之妻为王妃特制的一块手表，是目前知道关于手表的最早记录。

1885 年，德国海军向瑞士的钟表商定制大量手表，手表的实用性获得世人肯定，逐渐普及开来。

1969 年，日本精工手表公司开发出世界上第一块石英电子手表，日误差缩小至零点二秒以内。1972 年，美国汉密尔顿公司发明了数字显示手表，马达和齿轮从手表中消失了。

随着科技的发展,电子产品逐步遍布生活的每个角落。人们手上不再是一般单纯的计时工具,而是一个全方位的综合性工具。

手表从最早只是单纯的计时工具到如今综合性的科技结晶,无论从功能还是从外形上说,都是从人本身出发来考虑,尽可能做到功能与外表同在,最大程度上满足人的需求。

(实践人:单启薇)

■ 案例三　眼镜的发展过程

我国眼镜的取材和形式的演变,是随着时代的进步和工业、手工业的生产发展而变化的。从眼镜形式和镜框的演变,也可看出,是朝着更为人性化、以人为本的方向而发展的。

我国最古老的眼镜只有一块镜片,不带边框,手持使用;后来为了手持方便,则把镜片用木质(后用金属)作边框,固定在一个单柄边框上,但仍然是手持使用。到明清之际,我国姑苏(今苏州)上方山一带,用水晶镜片制成单片眼镜。

双片镜的产生,可谓是眼镜发展的转折点,将两个单镜经过针销或铆合连接在一起,夹在鼻子上使用,以至后来加上支架,在耳后加置支点,这些其实都是十分符合当代的人体工程学的原理。

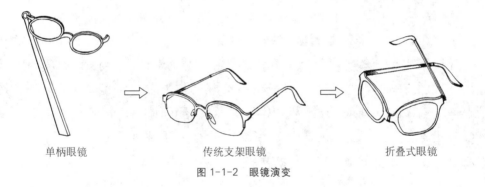

单柄眼镜　　　　　　传统支架眼镜　　　　　　折叠式眼镜
图 1-1-2　眼镜演变

再之后,折叠式眼镜的改良,更是出于人们携带的方便而改进的;在现代,为了更适应现代人类的社会生活节奏需求与美观佩带,隐型眼镜也应运而生了。这些不断的发展与改进,正是人体工程学要求以人为本,以人们的需要与人体的结构要求而设计出的。求生活之所需,也正是眼镜产生的根本目的。

(实践人:龙可幸)

第二节　什么是服装人体工程学

穿着服装是人类参与人数最多、涉及面最广的生活行为之一,对服装的创造、择用、评价是人区别于动物的重要标志。在人类漫长的求索过程中,服装业从早期纺轮、骨针到原始纺织技术;从饲蚕、丝纺到织锦刺绣工艺;从“褒衣博带”的裹绕形态到西化渐入的结构式造型,经过漫长岁月的变革与发展,人类的服装行为与理念已经达到强调人性、以人为本、崇尚科学、卫生以及舒适、便利的境地。

服装的沿革,从原始状态的动、植物材料遮体,到当今高科技时代的温控变色衣、保洁卫生服、呼吸型风雨衣等等,可谓缤纷万千,层出不穷。人们对于服装的创造、开发并不断创新,均出于一个共同的目的与动机,即让服装更好地为人类服务,更精心地包装自己,服从人的需求,更科学、便利、卫生、安全,更舒适而有效能地支配服装行为,使"衣服适应人"。

纵观世界服装发展史,西方自文艺复兴至20世纪前10年、我国古代及传统服装的礼制程式,无论是西洋女装的裙撑、束身衣,还是本土女性的船型小脚鞋、十八滚的直身旗装,它们都是过多地禁锢人的工具及炫耀身价的手段,为此服装显得那么残酷而不通人性。人类自觉地、能动地把实现"衣服适应人"这个目标并入科学系统的研究范畴,而让它成为独立的学科,则是近几十年的事,它受20世纪40年代西方人类工效学的影响,引发出服装人体工程学的课题,亦被看作人类工效学的分支学科。在我国,服装界人士在近些年才开始关注它的存在价值,但这种承认尚处于朦胧状态,缺乏理性、系统、科学例证的指导与牵引,因为它对传统服装业的经验至上、摹仿追随风气来说,是一种否定;对于设计师来说,偏重于平面形式及美学意义的展示式表现,忽略服装创造中的"服装—人—环境"系统的和谐与统一,是一种挑战。

我们说服装人体工程学,是人类工效学的分支,在于它的系统、目的、价值、功能均相互一致,只不过服装更具体地充当了人类工效学的载体,成为学科理论与实践的媒介。

人类工效学,在英国称为"工效学"(Ergonomics),是"力的正常比"的意思;在美国称为"人类因素学"(Human Factors)或"人类因素工程学"(Human Factors Engineering);在日本称为"人间工学"。它的研究最初是从飞机系统开始的,以后逐步扩展到其他系统以及民用系统,经过广泛实践、积累而形成一门独立科学,它是以心理学、生理学、解剖学、人体测量学等学科为基础,研究如何使"人—机—环境"系统的设计,符合人的身体结构和生理、心理特点,以实现"人—机—环境"之间的最佳匹配,使处于不同条件下的人能有效地、安全地、健康舒适地进行工作与生活的科学[1]。它的理论体系具有人体科学与技术科学相结合的特征,涉及技术科学与人体科学的许多交叉性问题,需人体科学与技术科学共同努力才能促使它充实发展,并最终为本系统的各部分设计服务。

服装人体工程学是人类工效学中的一个分支,它的研究对象是"人—服装—环境"系统,从适合人体的各种要求的角度出发,对服装创造(设计与制造)提出要求,以数量化情报形式来为创造者服务,使设计尽可能最大限度地适合人体的需要,达到舒适卫生的最佳状态,它涉及到人体心理学、人体解剖学、环境卫生学、服装材料学、人体测量学、服装设计学等学科,是一门综合性的学科。服装人体工程学的研究内容分几个部分:人体形态结构(包括形态、运动机构、体表与皮肤机能、体型与选型、服装定型与人体部位);材料卫生学(涉及服装材料与人体的可动性、热特性、舒适性与美观性,选择与定位);人体测量学(包含服装必要部位的计测方法、标准化数据、型号划分);特殊职业环境与服装的关系。

服装适合人体的需要及人与服装、服装与环境的优化内容包含以下要求：

（1）适合人体需要的第一标志是舒适感与满意。服装不仅能御寒与修饰形体，舒适、满意是更高的境界，不合理的结构及不匹配的材料、尺寸，均难以达到舒适状态。例如，我们主张女性夏装的连衣裙少用腰带，目的是增加空气上下对流的可能，使散热排汗更畅通；内裤材料以棉纤维与莱卡(Lycra)或斯潘德克斯弹性纤维(spandex)混纺加上抗菌保洁处理最佳，既有卫生性又有矫形性。

（2）适合人体需要的第二标志是有益健康。人的健康受服装的影响是显而易见的，服装的压力不能超过人体的承受力，紧身牛仔裤、橡筋腰带与袜口，对青年人的发育及皮肤的呼吸均不合乎卫生学指标。进行服装适合人体的优化工作，必须消除这些有害健康因素，至少把它们限制在不致危害着装者健康的最低限度。

（3）适合人体需要的安全性。服装安全有两层内容：其一，是服装在非安全因素的环境中要有安全警示作用，如警察与高架工作人员的安全色与反光标识；卡维拉纤维(Kevlar)的防弹内衣适用于战场等等；其二，是生活服装的安全因素渗透于设计之中，如婴幼童的服装切不可使用金属拉链；雨衣的非安全因素一直未被解决，而被戏称为"温柔杀手"。

（4）高效能。适应人体需要及系统优化与服装效能有密切关系，服装同样存在低成本、高产出、效益佳的竞争要求。例如，20世纪四五十年代杜邦推出的尼龙材料因独树一帜，而出现日销67 000多双丝袜的记录；德国某公司研制的"呼吸型面料"由于既透气又防雨而成为欧洲高档风衣的象征；国内开发的"南极棉"，既保暖又吸汗，冬季能够以一当十，从而使人们行动更加便捷轻巧，改变臃肿的外观。

服装人体工程学是一门以人为中心、服装为媒介、环境为条件的系统工程学科，研究服装、环境与人相关的诸多问题，使它们之间达到和谐匹配、默契同步。

第三节　设计在服装人体工程学中的含义

对于富有生活经历与社会阅历的人来说，或多或少、或准确或偏废，他(她)们都具有服装创造的经验，这种带有经验性的选择或评价触摸可及而富有价值，它来自本能的生理需求及不同文化层次的好恶定位，就像饮食一样，人人具有美食家的天性。

生活中有一个例证，能说明不只是设计师懂得服装与人体的关系，普通的穿着者们也会凭直观、感性来本能地要求服装具有人体工效作用：

某女青年体型为"挺胸型"，乳房形态为"圆锥状"，她的夏日衬衣都是定制的，才能使着装后前后衣片下摆平行，而商店内出售的成衣类，前后衣片的长度基本一致，而穿着后由于该女士身体形态是挺胸型，就显得前片吊悬、后片偏长而自己度身定制的服装前后衣片长度不一，前片放长的量是胸部挺凸的弧线长度，虽然平面尺寸不等，而在着装效果上却是相等,充分说明该女士巧妙地利用了人体形态与造型的关系,即体形与款式造型的一致,是服装人体工程中的重要内容之一。

服装人体工程学中的设计以科学的数据及测试的数据给予人们科学的、系统的指导,为人们提供符合自身需求的设计理念,这里主要以理化指标及服装—人—环境系统之间的匹配为主,而不是对服装表面形式美的夸夸其谈,能改变一些常被人忽略的着装误区。例如,生活中一般人都认为,内衣材料为羊毛成分能代表生活品质的提高,制造商也努力提高羊毛含量的比例从而表明自己产品的身价,殊不知对于服装人体工程学中的卫生学要求及造型要求来说,羊毛纤维并不是制作内衣——"第二肌肤"的最佳材料,因为羊毛纤维缩率大,尺寸稳定性差,与皮肤排泄物发生作用易变色和霉蛀,肌肤触感一般,未能达到内衣应勤洗、尺寸稳定、卫生柔软的最优条件,而选用棉纤维与莱卡弹性纤维混纺的材料,以针织线圈结构织造,既有柔软与压缩弹性,又有尺寸稳定的保形效果,吸汗透气等物理性能也优于前者。再如,传统"雨披"是雨天交通事故的首要诱导物,就因为它的结构设计的非人性化,没有将人体结构位置于特定的驾车环境、驾车形态中去考虑,只是简单地满足了遮雨这个功能,安全尚未解决,舒适透气更无从谈起。

服装人体工程学中的设计,广义上指对参与服装行为的人提供人性化因素的理念,自觉主动地按量化指标检验着装行为。同时,对待服装人体工程学的诸多内容,以设计师的角度来审视,既遵循规定的数量化信息及测试指标,又不受这些理性思维的羁绊,将设计的感性成分与工程学内容结合,最终实现服装科学性与艺术性的和谐统一。

第四节　服装人体工程学的研究对象与内容

从人类工程学的角度来看,依附人体的服装,不论是简便的文化衫或是精工细做的高级礼服,都要受到多种因素的影响与作用。简便的文化衫穿着十分便捷,其效能取决于着装者的体魄和文化衫的质地、成分、织造、克重、环境、温度以及与之相配的下装效果等;高级礼服的效能取决于着装者的气质、肤色,礼服的材料、尺寸、做工、穿着的时间、空间环境、第三者评价、与其他饰件的搭配等综合因素。所有这些因素概括为人、服装、环境三大要求,在服装创造过程中,人、服装、环境三者相互关联与影响构成系统,称为"人—服装—环境"系统,这个系统是服装设计的依据,设计必须体现这个系统的价值。

在"人—服装—环境"系统中,人是系统的操作与监控者,起决策、定位作用,人对整个系统的成效具有关键作用。要在系统中达到优化,必须做到两个方面:①服装应适应不同条件的人,不同系统中的人在身体、体型、知识、心理素质、物质条件等方面应有不同要求;②优化系统中的各种成分适合人体的各种要求,人体是各有差异的,要求也不同。"人—服装—环境"系统中的服装,指人所穿戴、支配的一切着装内容,不仅指内衣、外套、上装、下装、大衣、连衣裙、鞋帽、手套等成品，还包括这些成品的材料品质、织造手段、整理工艺、成衣方式、着装技巧等，不同类别的服装，其形态和功能千差万别，它们与人的关系也极其多样。"人—服装—环境"系统中的环境，指对人与服装产生影响的外部环境条件，它既包括热、冷、晴、雨、空气成分、压力、辐射、空间等各种物理环境因素，也包括团体、人与人关系、工作制度、社会舆论等各种社会环境因素。

在"人—服装—环境"系统中，人和服装的优化效能不仅取决于人或服装本身的结构与机能，还依赖于"人—服装—环境"三者的匹配关系。例如，一套内置空调装置的连体服，其先进程度无可挑剔，但它不便于日常运动，而且造价非常高，只能作为特殊职业空间的恒温装束；再如某人拥有一套精工细做的高档西服，造型与色彩也颇为理想，但如果它出现在充满油腻的烹调间里，反而会对人的工作效率和卫生产生不利影响。因此，一个优化的"人—服装—环境"系统，必须在人、服装、环境三者之间具有和谐匹配关系，研究这个系统的合理性，使之匹配而达到最佳效能，使系统中的人在服装行为中舒适、卫生、美观，是服装人体工程学的基本要求。

服装人体工程学伴随着对人保护作用的强调而受到重视，对它的研究内容也越来越丰富，从经验型逐渐转向科学性、合理性，它的主要研究内容有以下几个方面：

（1）人体形态与运动机构、心理和生理机能。人体各个部位的骨骼、肌肉及皮下脂肪生长差异造成不同的外表特征，从而产生不同的体型。服装是否合乎人体形态与体型，将会直接影响人的着装舒适性、运动范围、温度及外形的美观。从服装设计的角度去了解人体的基本结构，将人体的体表与服装定型相联系是服装工程学对设计师的基本要求。

（2）人体与服装卫生学的关系，涉及皮肤与服装材质的生理反应、服装压力、服装污染、服装静电等。

（3）人体与包装材料学的关系、种类及高科技材料对人体工程的价值，人体与材料的适合性、材料与式样的协调性，环境气候与人体热交换在服装中的作用。

（4）人体工程与服装造型量变的关系，如何做到人体体面与款式结构的扬抑，服装标志图形的工学要求及人对色彩的心理反应。

（5）人体形态测量与统计在批量成衣与高级时装中的价值定向，服装CAD三维空间效能，型号与规格的评价。

（6）人体与特殊职业服装的关系，工作空间与服装要求。

第五节 "人—服装—环境"系统界面关系

一、"人—服装—环境"界面结构

服装人体工程学研究人、服装、环境之间的关系，在此系统中的人、服装、环境又可自成系统,各有自身的结构,包含这样或那样的子系统。例如,系统中的人既有形态、运动结构、体型、肤色、性别等生理因素,又有心理需求、社会关系、气质、仪态等精神因素,它们均有构成子系统的条件。可见,人是一个复杂的系统,由许多子系统构成;服装也是由不同部分组成的,从纤维到着装效果也包括着许多子系统,像纺织材料学、织造学、染整学、成衣制造及消费心理学等等。在"人—服装—环境"系统中,三者之间时常只有其中的某种子系统或子系统中的某些组成部分之间直接发生关联作用,这个直接发生关联、牵制、影响、作用的部分称为界面。

"人—服装—环境"系统的界面主要研究直接与人发生相互作用的界面,参照人类工程学观点所构建的界面关系结构(图1-5-1)能说明这些关系。这个关系表示以下内容:①人是系统的主宰者,处于系统中心,服装与环境的设计都要考虑人的因素,服从人的需求;②人、服装、环境系统的构成包含人、衣服、着装、环境四部分;③系统中包含着三类界面关系,一类是直接与人构成的界面,即人与衣服界面、人与着装界面、人与环境界面;第二类是衣服、着装、环境三者之间界面,即衣服与着装界面、衣服与环境界面、着装与环境界面,这一类界面对人的作用较为间接;第三类界面是系统组成的内部界面关系,体现为衣服与衣服界面、着装与着装界面、环境与环境界面、人与人界面。服装人体工程主要研究第一、二类界面中人与衣服、着装、环境之间的界面关系。

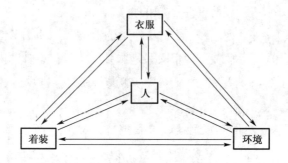

图1-5-1　人—服装—环境界面结构模式

二、人与衣服界面

直接与人发生关系的衣服(成衣),在决策、设计、制造中首先要考虑人的因素,与人的身心特性相匹配,能够通过衣服使人在精神上得到人性的释放,肌体上满足于体贴、舒适、卫生便利。例如,泳衣的特性必须设计成适合四肢大幅度的运动,否则,衣服就会影响运动成绩的提高。生活中许多不尽人意的服装设计都是由于衣服界面设计与人的身心不匹配而造成的。例如,未经免烫整理的棉纤维衬衣,每次洗涤后形态呈折皱状,要想获得平整必须烫熨,会增添很多工作量,同时,折皱的表面也会使人心烦意乱。许多服装系统中的衣服制造者在制造过程中也许尽心尽力,而对人在穿用时会发生什么问题却考虑较少,人与衣服的界面提出这个必须重视的问题。

三、人与着装界面

着装与衣服的区别在于前者指衣服与人发生关系的过程,而衣服只是一件物品。在人与服装系统中,人对服装的信息交换,除了必须依靠衣服界面外,还要依靠着装界面,也就是设计师与着装者要懂得服装的行为法则,包括如何选择、搭配、配置、增减、对比、协调等着装界面。对于设计师来说,手中一根线条、一块色块、一种材料都应符合人的着装要求;对于着装者来说,应注重把握准自身的性格、品位、职业、年龄等个人属性,不能在着装行为中一味仿效,而应注意着装后的实际效应是否符合自己的形体、气质、肤色等综合内容。人与着装界面关系要求设计者(创造者)考虑着装者的知识、经验、习惯、文化背景等各种因素,使着装界面达到最佳效应。

四、人与环境界面

服装人体工程学中的环境,指服装情景与一定历史时期服装业情况及文化状态的总和,体现在人与服装关系上,即所谓的小环境与大环境两方面。任何人与服装系统都处在一定的环境中,它们的关系与效能不能不受环境因素的影响。人与服装相比,人更容易受环境因素左右。影响人、服装系统的环境因素有以下两大类:物化与生物环境因素和社会性环境因素。

物化与生物环境因素涉及温度、湿度、辐射、噪声、污染、各种化学物质、寄生虫、细菌、霉菌与病毒。对待这种人—物化生物环境界面,一种是通过人为的防御式界面,以抵御有害环境因素,如采用抗菌保洁整理的面料做内衣裤,银色的面料抗夏日紫外线的辐射,戴安全头盔防止撞伤,一次性纸裤防止污染,防水涂层做成的风衣,能广泛适应野外旅游的温差与气候多变。对待环境的另一方式是改变环境因素,使环境适应人。例如,设计空调恒温系统以控制环境温度与湿度,使人与服装处于稳定状态。在人与环境界面中,无论环境多么人性化,人的因素也起支配作用,例如,一个人着西服在 21℃的办公室内,舒适地面向桌子办公,随后开始做体力劳动,服装与环境条件未变,但会感到热,这时调节体温中热量,只有通过人为的服装减换来完成。可见,人的因素是人与环境界面的主导者。

五、人与人界面

在"人—服装—环境"系统中,人作为主宰者和控制者,不仅与服装、环境发生作用,还与不同地位、不同角色的人发生相互作用,这个作用可分纵向与横向两个界面:①纵向界面,例如,服装设计师的设计成效不仅依赖于他(她)的设计方案,并且与服装面料制造者、服装制作工艺师以至营销策划人员的协调配合有重要关系,任何受市场青睐的服装都在很大程度上取决于人与人界面关系的协调;②横向界面,就服装设计师群体而言,不同地域、不同类产品、不同文化修养、不同爱好的设计师也会在风格与效能上体现出人与人界面关系。

因而,从人类工程学的角度来看,"人—服装—环境"系统中的人,"不可把它看作只是物质的人,必须同时看到它是社会的人。"[1]

第六节 服装人体工程学回顾与展望

服装人体工程学作为人类工效学的分支,它受制于人类工效学的定势与衍变,人类工效学中新的信息与解释能使服装人体工程学更具科学性,而服装人体工程学的研究拓展也丰富了人类工效学的内容。

服装人体工程学的基本问题——人与服装的关系,如人类服装历史一样古老,从本能的遮羞行为开始,人总是在不断地探索合理解决人与服装的关系问题。我们以"紧身胸衣"为例,可以看到人类自觉地或不自觉地运用人类工效学中注意人与服装关系不断完善、匹配的印记:16世纪初的紧身衣(Stays)塑造曲线是用金属条或鲸骨做骨架,再用系带束紧;19世纪的紧身衣(Corset)用轻薄弹性布料来修形;20世纪40年代的紧身衣(Girdle)开始出现按胸、腰部位形体曲线来修身的结构,这一系列的"禁锢式框架→弹性布料→按结构造型"演变,充分说明人类的服装行为中不断注重人体工效的要求(图1-6-1)。

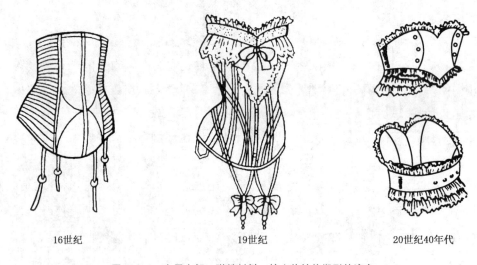

| 16世纪 | 19世纪 | 20世纪40年代 |

图 1-6-1 金属支架→弹性材料→按人体结构塑形的演变

人类工效学的历史(从 Ergonomics 这个词的出现)不过四五十年,而服装人体工程学更是新兴的学科,只能隐约地找出人们追求人与服装工效关系匹配的例证。1913年由瑞典人杰德伦·松贝克发明的拉链(Zipper),开始仅用于钱袋与靴子的扣合,1917年配有拉链的飞行服投入使用,经过几十年不断完善,现在人们不仅能按布料的厚薄或款式的风格来选用各种类别的拉链,像"开尾型"用于茄克,"封尾型"用于口袋,"隐型式"用于薄型裙装;并在材质上开始注意与人体要求协调,金属类用于质地厚的外套,树脂类用于薄质地夏装。从裁制方法来看,西洋女裙走过了以活人体摆设到现代用"人台"(Model Form,亦称胸模,有软、硬体之分)来分割结构空间,这种"人台"具有人体形状标准化特性,建立在人体统计学与测量学的基础上,可直接供立体裁剪及试装,省工省力,效能与尺寸准确性获得提高。在材料方面,1921 年问世的"人造丝"(Rayon)及 1938 年"尼龙"(Nylon)的诞生,为今日的大型合成纤维工业奠定了基础,并使服装成本大大降低。

服装人体工程学的内容被提及,是在 20 世纪 70 年代之后,由人们注重衣、食、住、行、学习、工作、文化娱乐、体育等各种设施用具的科学合理化而导出。我国的服装设计师及服装创造群体开始有意识地关注这个学科,并且努力在物化行为中渗入这个意识是 20 世纪 80 年代之后伴随着客观条件的逐渐成熟而进行的:

(1)物质文明的进步,服装业前所未有的飞跃发展,开放政策使国际品牌的成衣、高科技的织造染整工艺引进,市场拓展及西方服装人体工程学的渗透。

(2)现代设计强调人文精神,设计人性化与可持续发展思潮构成强调设计"以人为本"的大环境。

(3)服装设计师的知识结构发生变化,专门人才及有才华的设计师群体形成,并培养了自己的顾客群与品牌。

正因有了这些成熟的条件,才促使服装人体工程学更全面地服务于人们的服装行为,我们可以通过鞋子的两种不同处理来判断出服装人体工程学中满足人的生理、心理需求的价值:第一种处理,两只童鞋分别绣上孙悟空图案,左边的孙悟空头向左偏,右边的头向右偏,这样的处理就使幼童不会穿反方向;第二种处理,将鞋跟上半部隐藏在鞋帮内,外形与普通平跟鞋一样,但穿着后的人可以"长"高 2~3 cm。这两种处理,前者是顺从人的生理反应,后者是满足人的心理需求,顺从生理反映与满足心理需求是服装人体工程中人—服装关系的重要内容。

目前,服装人体工程学在国内还是初兴时期,设计师与创造群体对此学科内容的了解和应用还很不够,从现状上来看,要改变设计单纯追求形式美的思维模式,尚且任重而道远。我们从以下不同视角及内容的对比(表 1-6-1),可以看出服装人体工程学的价值。

表 1-6-1　服装人体工程学渗入服装设计前后的对比

视角	渗入前内容	视角	渗入后内容
看	注重形式美,吸收与表现某种艺术风格,展示时尚与流行,形式感强,热闹、花俏、主观	穿	包含"看"的内容之外,结构设计的科学、合理化,有助于肢体的运动,注重肌肤卫生要求,符合人的生理与心理指标,材质与人体要求一致,便利于生活,保养方便,价位适中,时空适应性大
表演性	设计师主观意欲强,以"纯艺术"的角度出发,将服装当作绘画与纯精神产品,局限于 T 型舞台及小范围,装饰性高于一切,距离、超凡、排斥	实用性	包含"表演性"成分,注重服装与环境、时空的一致,人的审美能力与物质承受能力,便利、适应性广,结构合理,造型与装饰既有引导性,又有广泛认同性,安全,注重市场接受状况

以上对比中的"看"与"表演性"多于"穿"和"实用性",是服装设计界的客观现状。所以,从服装人体工程学的角度出发,从整体上去分析各个子系统的界面关系,再通过对各部分相互作用与联系的分析,来达到对整体系统的认识。"人—服装—环境"系统是一个动态开放系统,社会种种因素及人的种种因素,制约着服装系统中各个要素及其相互关系,只有获得各要素之间的最合理配合才能取得最佳效能。

随着数字化时代的来临,以及社会生产自动化水平的提高,人的工作内容与性质、方式也会发生很大的变化,由人直接操纵实施的工作将由计算机来代替,人的作用从操作者变为监控者。瑞士日内瓦大学及瑞士联邦技术学院推出的"GCAD",能在电脑上通过三维系统获得服装穿着效果的检验,由于三维图形可360°旋转,使人们可以从多角度来观察服装款式,在不同替换环境、不同光源位置、不同色彩调配的效果,这个先进的设计手段与设计理念预示着服装人体工程学的未来。

第七节 服装设计师对服装人体工程学的研究方法

服装人体工程学的研究方法,涉及"人—服装—环境"系统中对各个界面的科学把握,这里阐述的研究方法主要对服装设计师而言。

人与服装、环境关系中,关联到生理学、心理学、统计学、测量学、材料学、环境学、美学等学科,科学地将这些学科关系及各种因素为我所用,必然有着研究方法的效能问题,很大程度上取决于具体研究对象的性质与目的,对于服装设计师来说,知识结构的涵盖面最广,因为他(她)们直接创意成衣这个终极产品,在创造过程中要与各个学科内容产生联系,在取舍、扬抑、肯定与否定中求最佳效应的获得。

一、客观性原则

服装设计师应具备服装设计美学与具体技术所包含的才识,在此不展开这个问题。这里所指的客观性原则,指服装设计师在从事设计活动中,必须坚持按服装与人、环境的界面关系去反映、协调它所固有的内在规律性。服装设计师的通病是偏重服装形式美的部分,按个人主观愿望与理想去解释服装行为,时常出现作品或成衣孤芳自赏或不被人理解的痛苦境地。要客观地进行研究,必须做到对涉及的各种因素、条件进行全面、具体、忠实地考虑,包括实际效绩与各种身心指标的测试。例如,对人体形态的研究,不仅要了解男女性别体型差异,还应掌握体表与造型、肢体运动范围、人体各部位形态、体温与季节、体温与环境等客观的、量化的数据。服装的腋下部分为什么不能厚重? 那是因为手臂在休息状态下应靠近躯干,否则手臂休息时还呈外撑状态,会增添不适与劳累感。客观是按一定的原则与程序存在的,服装设计师有意识地强化这个要求,能在设计行为的更大时空范围内发挥作用。另外,注意客观条件变化而不断完善和深化,像人的身高、体型由于营养与医疗保健等综合因素,每隔数年在普查中会有新的变化,而面料开发更是日新月异,值得设计师密切关注。

服装人体工程学研究的客观性把握,可通过以下方法和手段:

(1) 对学科知识结构的全面理解。把握基本系统关系、功能、数量、参数,努力通过实践去验证这些内容。

(2) 观察法。通过客观记录自然情境下人们的着装反应。例如,为什么人们热衷于仿效某一款式,它的流行必然在人—服装—环境系统界面中处于优化状态;观赏 T 型舞台上的服装发布似乎美不胜收,但为何大众难以接受,其中必定有系统因素中的不匹配存在。

(3) 调查法。通过访谈、问卷形式或相关情报机构的信息,来获取服装行为者的主观感受,以便完善、修正设计。

(4) 实验与测量法。对人体工程的各个部分进行理化实验,控制各种无关因素,并改变某些不利的变量而作出因果推论。测量法主要研究人的比例、形态、曲率、个性、能量等方面,测量的目的在于研究不同的差异点并为完善设计服务。

二、系统性原则

服装设计师在研究服装人体工程学的方法上,要把研究的某个部分、某个对象放在系统中加以研究分析。这里可以运用 20 世纪 40 年代形成的系统论、信息论等科学理论,它给服装人体工程学提供了新思路。正因服装人体工程学是由人、服装、环境三大要素构成整个系统的,所以各要素之间存在互相制约、相互协同的关系,整个系统的效能不同于各要素效能的简单相加,三者之间又构成各自的系统,各有自己的有机组成内容。例如,款式平面效果中的类别、品种、风格、适用范围;面料中的原料、织造结构、整理工艺、适用范围。这两个系统中均有"适用范围"并独立存在,但前者的适用范围是指人与人不同定向的界面关系,后者的适用范围是为前者服务的,指人与衣服的界面关系,它们在部分关系上独成系统,在整体系统中相互协同。

服装设计师在研究中把握系统性原则,目的在于找到各个界面层的内在规律,有时偏重某一部分系统,有时又牵涉另一部分系统。如对氨纶材料的研究,实践的断裂程度 1:500 是物理检验的内容;归纳于高弹材料属材料学分类内容;适用于紧身合体造型及服装收口部位属于造型内容,这三个不同的内容充分反映了它们之间部分界面层的系统关联形态。系统化原则中,系统内容没有绝对的大小、主次,关键取决于审视的角度。我们以"女性各个年龄段对服装不同评价比较"与其中某一部分的化解、独立来理解这个概念(表 1-7-1)。

表 1-7-1　女性各个年龄段对服装不同评价比较

年龄段	风　　格	材料与工艺
少年	卡通式、拼贴式	不拘
青年	休闲、前卫、时尚	不拘
中年	注重修饰形体、结构式、重材料	具有一定品质
老年	偏向传统、直身式、素雅	不拘

从表 1-7-1 可以看出年龄与风格、材料、工艺既有关联，又有差异，在这个不同层面上再进一步置换角度，又可以分解出一个新的系统（表 1-7-2）。

表 1-7-2　青年女性服装定位应考虑的系统关系

客 观 因 素		主 观 因 素	
形体条件	高矮胖瘦、体型差异、发育程度	性　格	内向、压抑、开朗、外向、活泼、多虑、怪僻
肤　　色	白皙、偏黄、黝黑、白中泛红等		
职　　业	公关小姐、清洁工、教师、农民、工人、经理等	气　质	雅致、猥琐、一般
环　　境	写字楼、车间、商场、空调间、城市、乡村等		
经济状况	清贫、富裕、一般	爱　好	文学、交响乐、通俗音乐、民歌、体操、足球、旅游、化妆、舞蹈、摄影、美术等
其　　他	婚姻状况、宗教、社会状态、遗传		

以上分解出的一个部分也可构成一个系统界面，它与前系统相比，有部分限定因素，包含在前系统之中而又构成独立系统，有自己的有机组成成分及独立价值。从以上例证可以确定，以系统观点来研究"人—服装—环境"系统，能全面、立体为设计的更具效能而服务，在关联、制约中去实现整体优化原则。

系统性原则无论针对哪个子系统，均应从"人—服装—环境"的整体出发，从整体的视觉高度来分析各子系统的性能及相互关系，再通过各部分中相互作用与关系的分析来达到对整个系统的再认识，人、服装、环境是一个动态开放系统，不仅各子系统之间存在物质、信息、能效的交流与流通，而且作为一个系统，它还处于社会系统的影响之下，必须统筹兼顾来寻求各要素之间的最合理配合。像人体测量学中服装尺码规格分类，单有测量与统计参数仅是一个客观记录，它必须为成衣制作、销售服务，并在服装被人穿着之后，才能看出它的信息价值，它既在各子系统之间独立存在，又在大系统中互换流动，对于实现系统配置的和谐价值有重要意义。评判价值用下列指标（图 1-7-1）函数来权衡，以确立基准值的大小，越大越优[2]。

服装人体工程学的研究方法对于服装设计师来讲，科学的视角可归纳为：以设计师的立场注重人体工程的价值，从人体工程的角度来审视设计，在设计与服装、服装与人、人与环境、环境与服装、服装与设计的各个客观、系统的界面关系上协调同步。

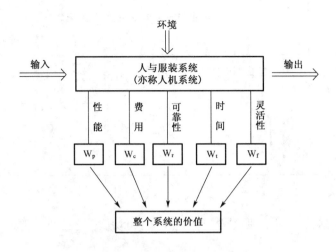

图 1-7-1 系统性原则构成内容

三、观察法

由研究者直接观察记录自然情境中的服装现象,从而分析研制服装对象之间关系的一种方法。客观现实中,人无时无刻不在显现一定的服装行为、形象及精神状态,一旦对它们进行有目的、有计划的观察,并在记录、归纳、界定后分析解释,就会获得服装行为变化的原则。

用于服装人体工程学的观察以自然观察法为主,即是以自然的直接观察而积累经验,并能善于运用这种经验与资料。直接观察需遵循以下一些原则:

(1) 事先界定观察的行为内容,并制好一些具体事实记录的表格;

(2) 观察记录时,除观看、笔录之外,可以利用速写、照相机、摄像机等辅助手段获得更多的客观资料;

(3) 对观察内容、如何观察、何时观察等问题有周密安排,除了"知其然"还应力争"知其所以然"。

例如,我们对某市一所小学学生服的观察,在1~3年级的年龄段中进行。式样是镶拼式茄克配裙(女)、裤(男),色彩是淡绿色加白色装饰条,面料是针织涤盖棉。设计者与教育部门的思想是体现少年(幼童)的活泼与健康:淡绿色象征稚嫩的幼苗,白色镶条增加运动感与童趣。而学生家长的反映是"好看不实用","不实用"的原因是这种浅淡色系的服装耐看不耐脏,尤其是男孩的校服,两天不洗就会有明显的尘腻感,同时,裤(裙)在1年级时偏长,而到3年级时偏短。对于此同样年龄段的校服,我们换个地域观察,西欧一些国家的小学生校服,以深色系(藏青、深咖啡、墨绿色)为主,面料用毛呢类机织物以求挺括而有刚性。这里,不同民族的服装文化特征与审美情态也有所体现。

根据以上的观察,可以列出一定的表式(表1-7-3)。

表 1-7-3　小学生(1～3 年级)校服观察记录

观察时间：_____

| 款式
(文字或图) | 色彩
(文字或色标) | 面料
(小样) | 工艺 | 尺寸反映 | 综合评价 | | 同类中的现状资料 |
					优点	缺陷	

记录人：_____

再如,经过观察,人们在对服装选择标准中的关切次序,视产品类别不同而主次不一(表 1-7-4)。

表 1-7-4　不同类型的服装选择标准主次序列

胸　罩	衬衣类	外套类
合身 ↓ 舒适 ↓ 弹性 ↓ 触感 ↓ 品牌 ↓ 价格 ↓ 包装	品牌 ↓ 尺寸与价位 ↓ 花型 ↓ 面料 ↓ 工艺 ↓ 包装	色调 ↓ 式样 ↓ 尺寸与价位 ↓ 面料 ↓ 品牌 ↓ 工艺 ↓ 辅料 ↓ 合身与舒适度

四、调查法

调查法,是以设计师及服装行为内容所关联的问题为范围,预先拟就问题,让受调查对象表述自己的态度或意见的一种方法,以问卷、访谈、考察、资讯媒介的信息等多种方法,获取服务于设计的资料。

问卷法,可以事先根据研究的目的编制一系列项目,以量表的形式分发给被调查者,回答的标准力求简洁,可以用"行"或"不行","舒服"或"不舒服"来回答,也可打"√"或"✕",尽量避免专业性术语。例如,弹力材料"氨纶"不要用学名"聚氨酯弹性纤维"。表 1-7-5 为问卷形式。

表1-7-5 (冬季用)内衣评价问卷

姓名_____ 性别_____ 日期_____ 品牌_____ (满意√ 一般△ 不满意×)

材 料	领 式				色 彩						吸汗性	柔软性	缩水率	褪色状况	简装	精装	价格
	圆领	V领	一字领	半高领	白	奶白	奶黄	红	黑	其他							
全棉																	
全毛																	
棉毛(35/65)																	
含弹力材料																	
混纺或其他																	
高弹(莱卡,氨纶)																	

实地考察,可以全面了解服装产品在市场与消费者中的价值及各种指标,如款式的满意度、价值定位是否准确,产品是否适销对路,能对消费者—服装—消费环境中的问题有通盘了解。例如,服装产品类别与年龄层次的适应问题,市场上在12～18岁左右的"大龄童"服装在所有商场均没有适合的产品,不是童装"放大"就是大人服装"缩小",不伦不类,说明设计师与厂商没有把握准该年龄段(介于大人与儿童之间)服装的定位,对其心理与生理要求缺乏研究。再如,通过市场调查,可知消费者有不同的类型,对服装消费有不同反映:

低收入型——对品牌、式样与色彩不挑剔,仿制品;

中等收入型——追求价廉物美、实惠型,对质量与服务要求高;

较高收入型——求时髦并讲究实惠;

高收入型——注重品牌与个性设计、豪华时装,光顾专卖店或专柜。

注重媒体信息,澳大利亚游泳巨星克利姆在比赛中所穿的覆盖全身式连体泳衣,面料类似"莱卡",将克利姆从脖子到脚踝裹得严严实实,这种泳衣阻力比刮干净体毛的人体皮肤阻力还小(更比三角裤阻力小),这种先进的(专门为他开发设计的)泳衣,对在1/100秒就能决定胜负的游泳运动中增添了获胜筹码。设计师对类似这种信息应有职业感应,它引发设计师对式样、面料、着装后在水中的受力状态等内容作进一步研究。

思考与实践:

关注人体工程学理念的服装品牌调查分析(二)

■ 案例一 "江南布衣"设计及市场理念

杭州江南布衣制衣有限公司成立于1994年,公司集设计、生产、销售为一体,产品包括服装、鞋类、箱包、帽子、围巾等。"江南布衣"这一品牌在国内服饰行业这几年的绩效是众口皆碑的,这与其品牌理念的建设与推崇密不可分。

"江南布衣"推崇"自然、健康、完美"的人性化生活方式。这作为其品牌理念的实质,公司在各个环节上都加以很好的诠释。

如:在材质的运用上,大多利用不同肌理质感的纯天然面料,像棉、麻、丝、毛来演绎"回归自然"的设计主题。这一特点受到了许多追求衣着质地健康舒适的人群追捧。

(1)在色彩的应用上,其追求沉稳雅致的环保色作为基本色系,配以流行色作点缀。设计风格浪漫、丰富、自然、不盲从流行但始终时尚。

(2)在款式设计上,强调产品之间丰富、随意的搭配性,在为穿着群体提供专业的服饰搭配的理念同时,更为她们留下了服饰搭配的再创空间。

(3)而在销售理念上,又可以从其具有LOFT风格的概念店上可见一斑。在店堂的设计上,利用天然纤维板肌理的表面装饰,配以土黄色基调、金属垂吊等来营造自然的空间环境。

融自然、质朴、自我、现代于一体的"江南布衣"，从制衣到销售这每一个环节上紧扣着"人—服装—环境"的人体工程学内含，从而打造了这一不俗的品牌效应。

（实践人：文月）

■ 案例二　MIKEY(米奇)童装

世界知名的童装品牌"MIKEY"始终在不懈地树立维护着自己的品牌形象。它们以充满欢乐、具话题性与独特性为主题，辅以"形象＋概念"营销方式获得成功。

因此，围绕着"米奇"的品牌理念，其在设计、制作等方面都作了各种人性化的尝试：

(1) 在整体设计上，"米奇"考虑到了，其主要穿着群体为 4~14 岁的儿童，并以运动休闲为主，多采用针织面料，色彩鲜艳、穿着舒适；图案也都以机勇聪慧、活泼善良的趣味故事作导线；另外，颜色以红、黄、蓝为主色，明快、活泼并加以每年的流色为辅色，从而引领了童装的最新潮流。不同的色彩组合，也带给小朋友全方位梦幻般的感受。

(2) 在面料的选用上，在织造工业、纤维的选用、染色的牢度上，都有着严格的筛选。MIKEY 要求针对儿童的生理特点，选用吸湿性强、透气性好，对皮肤刺激小的棉纤维；而在织造上，延伸性能良好的针织物成了很好的选择，它的弹性保证了服装自由地依顺人体运动，不会束缚身体，影响儿童发育。而由于儿童活动量大，易出汗等特点，"MIKEY"选用的染色牢度上，必须具备耐洗、耐摩擦、耐汗渍、耐日晒及安全健康等特点，来保障儿童的穿着安全舒适性。

(3) 更为重要的应该还算是迪斯尼先生设计的这一可爱的卡通形象。因此，在品牌的树立与维护上，对于"MIKEY"小鼠的形象维护，也是至关重要的。

因此，只有在设计各环节中与人体工程学内容密切配合，才使"MIKEY"的童装品牌继续得到世人的认可！

（实践人：单启蔚）

■ 案例三　MUJI 无印良品

倍受日本消费者支持与肯定的日本衣着品牌"无印良品"发展至今已有 23 年的历史。

"无印良品"的成功的品牌形象，有赖于其对理念哲学的推崇与对作工工艺的讲究。

"无印良品"致力于提倡简约、自然、富质感的 MUJI 式现代生活哲学，追求"简约无华"的着装理念。这让其品牌设计者多年来实践着"No Brand"的精神加以延续。它不强调所谓的流行感或个性，也不赞同受欢迎的品牌，应该要抬高身价。相反的"无印良品"是从未来的消费观点来开发商品，那就是"以人为本"的"平实好用"。正是这样设计思想的周密性，公司在素材的选用与加工技术上格外用心。"无印良品"利用特殊的技术处理产生了"水洗麻"，去除了麻的刺痒感，却保留了天然织物舒适、轻便、透气的优点，成为其品牌着力推崇的健康的衣着品质。在款式设计上，简约、经典、大气、细腻及良好的剪裁工艺与尺寸设计都突显了其品牌的着装理念与价值。

当然，有利也有弊，"无印良品"似乎在衣着外表的设计方面有些千篇一律，无论是颜色还是款型变化甚少。因此,这似乎也让人感悟到:品牌的树立及日后的维护,应有一个完善缜密的设计理念,也应有精湛的工艺技术变化。

(实践人:李程运)

五、实验法

与前四种研究原则与方法比较,实验法不但探究不同年龄、性别、职业的人与服装关系如何,而且更探究关系的构成原因,从"是什么"到"为什么"的递进。服装的实验法多限于鉴定、测试、实验室实验而作出因果推论,使实验结果为设计与抉择服务。例如,经实验室实验,服装褪色的主要原因是染料大多在水中溶解、染料与纤维纹路结合不牢,根据这个实验可以确定不同的防褪色方法:

毛衣类——用凉的茶水浸 10 分钟后,再按一般方法洗涤;

牛仔服——先将其放在冷的浓盐水中浸泡 2 小时,再用肥皂洗;

易褪色的服装——先将衣服在盐水中泡 30 分钟,用清水洗净后再洗涤。

实验法中通过人体着装实际效果测试鉴定,可以得出不同款式形成的空间量,对便于运动的指标反应不一:紧身弹力衣大于两截式便装,两截式便装大于连衣裙,连衣裙大于宽松式长风衣(大衣)。

实验中的测试,可对纤维性质、成分、相对密度、强力等物化指标作准确判断,能否悬吊纯棉、毛、麻、蚕丝不同的"绿色吊牌"(环保标志),需有专门机构的测试报告,测试对检验服装成分真伪有不可替代的作用。

六、服装 CAD 技术对服装人体工程的影响

服装 CAD 是服装计算机辅助设计(Garment Computer Aided Design)的简称。对服装 CAD 的研究大致有两方面内容:硬件界面研究与软件界面研究。前者探讨计算机硬件(功能)与人的操作问题;后者研究计算机软件如何与人的认识及服装创造力的协调、配合问题,如人机对话系统的设计与评价。

服装 CAD 技术通过人机交互手段,在屏幕上设计服装样式与衣片、配色、推档放码、穿着模拟环境观测,由于服装 CAD 具有运算速度快、信息贮存量大、记忆力强、计算可靠性高、显示图像等特点,再结合设计师的想像力、判断力、选择有价值信息的能力,使服装工程大为提高。根据有关统计资料表明,服装 CAD 比传统设计降低成本 10%～30%,设计周期缩短 30%～60%,服装质量提高 2～5 倍,设备利用率提高 2～3 倍。

服装 CAD 对于设计师来说,最有价值的是突破"三维服装设计"平面形态的传统形式,以"三维动态化服装设计"达到最佳的服装人体工程要求。三维动态化服装设计的主要功能为:在输入人体的特征尺寸(身高、肩宽、三围)时生成人体模型;然后根据设计要求在人体上生成着装效果图;三维着装模特可以旋转变换,在不同角度与不同区域中观察服装(局

部)着装效果；系统可以模拟服装表面的各种纹样与肌理，并对服装应力(折皱、悬垂、蓬松度)作分析；可进行局部色彩修正；可以控制光源的位置与照度；可以显示指定(或摹拟)的空间环境内容，追求逼真的着装效果，真正达到"人—服装—环境"的和谐匹配。例如，为国际著名的快餐连锁店(肯德基或麦当劳)设计职业服，可以将服务员穿上设计的服装并置身于该店的真实环境(事先将店堂环境输入)之中，并按店堂实际照度与灯位设立光照，让服务员自由穿行，来观察服装款式与色彩的效果而确定修正内容，这种三维动画效果比起"二维式的效果图"来，其效绩不言而喻。

【思考题】

1. 什么是人体工程学？
2. 如何评价人体工程学产生与发展的必要性？
3. 人体工程学与设计实践的关系有哪些？
4. 学习服装人体工程学的目的是什么？
5. 如何理解"人—服装—环境"的系统界面关系？

第一节　人体与服装基本功能系统

服装人体工程中人体与服装系统最密切,服装不像人类工效学中其他介质,与人体有距离感和替代性(如建筑、家具与人体的关系若即若离),而是时刻与人体发生作用。哪怕是最简单的一块遮羞布,还始终包含着人体防护与修饰人体基本功能系统,并体现人体与服装的价值关系。

人体与服装功能界面中的基本价值,从服装发生学的起源说来看,有多种解释并均有合理的推断,究竟是哪一种解释全面,似乎没有绝对武断的定论。人类服装行为在解决人体与衣饰的关系上,决不是某天、某时、某日、某人突然发生而一成不变的,而是在漫长的人类劳动与生活中,由于多种因素,从不同角度想到的适应自然界变化,抵御环境因素而建造的自己的防护设施——服装手段。这个手段从原始状态开始,以野兽毛皮、树叶、树皮遮体,免受外界环境不良因素刺激,到随科学、文明进步而用各种动、植物及化学纤维制造各种款式和不同用途的服装,它就有了"人体防护"的人体生理机能要求及"修饰人体"的社会要求。

一、主动防护作用

人体与服装基本价值系统中的主动防护作用,指人本能地、有意识地为适应由不同角度引导和诱发的不利环境而确定的服装绩效行动,体现在被覆性与防护性两方面。被覆性,指服装对人体的覆盖;防护性,指用服装增加人对自然环境的适应能力,补充皮肤的防护作用。被覆性与防护性是人对服装的原始要求。

我们把人对服装的主动防护要求归纳为以下一些主要内容:

包裹身体为着御寒,像爱斯基摩人的皮衣;我国军人所用的传统棉大衣;保护生殖器官为着不使敏感部分受损;驱虫为着摆脱及隔离昆虫的骚扰;遮阳为着不使阳光直接照在皮肤上而受灼伤等。

主动防护功能包含以下一些方面:

(1) 防寒保暖与隔热防暑。防寒保暖与隔热防暑属服装耐气候性,指气候变化对人体的要求。在气温 18℃左右以下,人体所用服装的遮盖面积占身体表面积 82％左右,人体代谢产生的热量 80％以上是经过皮肤表面对流和辐射向周围环境散发的,衣服能阻断约 95％发自人体的长波红外线,致使衣服的内表面产生温暖感。由于衣服纱线之间的空隙中和纤维中含有不活动的空气,这些空气导热性很小,减少了服装内表面的热传导,空气对热流起了屏障作用,或称热阻作用。服装的科学防护功能在于使人体的产热与散热达到平衡,通过温度比较稳定的空气层,保持人体的舒适温度感。在隔热防暑方面,衣服可以防辐射热,借助于色彩来实现。不同色彩的面料吸收辐射热能也不一,白色表层吸收率最低,黑色表层吸收率最高,人体皮肤由于人种不同,皮肤黑度也不一样,黑色能吸收大量的辐射热量,白色与淡色彩服装能反射 35％左右的太阳辐射热能,银白色最佳,可达到 95％以上。

(2) 防雨水、防风。服装通过防水涂层,能使人体免受水的浸湿。人体肌肤一旦受到潮湿或雨水浸泡,能破坏正常的生理机能,增加散热,乃至引起寒冷反应。防风的作用,服装能减少因皮肤水分蒸发、对流散热的增加,因而引起大量地散热,衣服的纤维能阻止气流运动。在气温较低的环境中,衣服的外层选择不要用透气性较强的织物。

(3) 防伤、防虫、防污、防毒及特殊防护。防伤指抵御外力和机械伤害皮肤,如牛仔布、细帆布对人体均有较强的缓冲防护;防虫、防污与防毒均指职业性的服装防护,高密度的组织结构及穿着上的封闭性,可以阻止害虫的入侵;服装特殊防护有防细菌、防原子辐射、防火、宇宙太空航行、海底作业等特殊内容。

二、自动防护作用

人体与服装基本价值系统中的自动防护作用,体现在人体经过服装包裹之后,两者之间所产生的相互影响。可以从几个方面来看:

(1) 外表空气层随人体运动而减少。生活中有这样的常识,夏日人在静坐时出汗,但当他慢步行走,就会觉得凉爽,这就是外表空气层随着运动而减少的现象,运动量越大,散热效果越佳。增加外层的风,虽然不能防止运动使体温上升,但有助于散热。在人体与服装结合后,运动能导致冷感与散热。活动对人体与服装的环境空气隔热性能呈以下这个势态,步行等级快＞中等＞慢步＞静坐;有风的室外＞普通室外＞普通室内。"有风的室外"及"步行等级快"为外表空气层减少的最佳状态。

(2) 增加了服装内及进入服装内的气流。上面谈了风和运动对外表空气层的影响,这里谈人体和服装间的相对运动所产生的空气流动作用。在寒冷的环境下行走,人们都知道裹紧衣服会感到温暖,或者在夏日,连衣裙去掉系扎的腰带而感到凉快,这就是身体运动和服装内部通风状态的相互作用。增加服装内的空气流动,导致隔热性能的减少或皮肤蒸发量的增加;限制服装内的空气流动,导致隔热性能的增加及皮肤蒸发量的减少。例如,女子夏日的"百褶短裙",充分说明服装加速散热、强化服装内气流具有凉爽作用。

雅格鲁(Yaglou)用宽松的上下套装、紧身连体服在暖和的环境里,做强负荷劳动进行对比试验，说明服装由于形式、材料不同，而产生的出汗量与蒸发量指标差异，说明紧身或缺少通风的服装负担增大了（表 2-1-1）。

表 2-1-1　宽松或开口结构的影响[3]

服　装	两小时的发汗量				
	不穿服装	宽　松	紧　身	开口式府绸军服	闭口式府绸军服
重　量(g)	0	320	480	950	950
出汗量(g)	521	610	694	756	984
蒸发量(g)	518	546	548	584	610

（转自[美]L.福特著《服装的舒适性与功能》）

（3）人体出汗与弄湿服装。人在一定的活动量、工作量条件下，出汗会把衣服弄湿，这样就需进一步散热，将衣服弄湿能加速散热冷却。平时，人体由于出汗而有皮肤湿粘感，主要原因是服装与皮肤之间缺少空间阻力，要增强空间阻力可将衣服弄湿，提高蒸发冷却速率，使织物内部的空气层或织物层间的蒸发阻力变小，所以说，在人体大量出汗的情况下，将服装弄湿能获得冷却作用。当然，这种人体与服装的互动作用不是最理想的方法，只能短暂地解决冷却问题。

（4）人体与服装的接触效应。人体对服装的接触是对织物（服装）的皮肤触感，有冷、暖、松软、硬刺等触觉。产生这些接触效应与织物的热传导及吸湿性能有关。织物纤维吸湿性强就感到暖和，如羊毛、腈纶类，在于水的凝聚热和化学吸收热都释放出来的缘故。在通常条件下，评价织物的暖、凉感受还依赖于纤维结构与密度，结构越紧密度越高，越能产生暖和感，反之亦然。关于人体与织物的关系将另作详述。

三、修饰人体的作用

人体与服装中的修饰人体作用是显而易见的，从最早的衣饰物就可以确认人们对服装审美要求的无孔不入。自原始人对人体各部位纹身、耳鼻穿孔、割唇，到现代人崇尚自然健康美，无不体现在美化自我、显示尊严、炫耀身价、显示力量、激发对异性吸引力等方面的刻意追求。美化自我以大量的装饰语言来表达，如花边、刺绣、挂饰、纹身；显示尊严以服装的神秘来改变对裸体的羞耻感；炫耀身价以"纹章""补子""领带"等没有实用价值的修饰来显示地位；显示力量以"绶带""职徽"来表述受勋的荣誉；激发异性吸引力以外化、强调器官来激起异性的注意。

修饰人体还有标志自我的作用，体现在民族、等级、政治集团、信仰、职业、性别、年龄等方面。

第二节　人体对服装特性的要求

人体和衣服构成一个系统,它们之间相互作用而具有相关性、集合性、目的性、动态性等主要特性,以满足人体综合要求为目的,设立的评价内容是满足人体穿着方便和穿衣感觉的实效。

人体的特性有着形态、运动机构、生理条件等客观的存在,衣服特性的确立与评价必须以此为轴心,在顺应、匹配、和谐默契中最大限度地满足这个轴心的运动要求。下面对人体与衣服特性的要求进行综合评价,使设计师在设计的初始阶段就考虑这些要求。

一、与体表一体性

所谓体表指人体的外在结构和形态,是由骨骼、肌肉、皮下脂肪的差异而呈现的不同表象。它的差异决定服装的差异。无论什么造型的服装,均体现它与人体体表的紧贴程度,或松或紧、或长或短,这些松紧长短必然与体表接触,并要求它具备皮肤的肌能,期望衣服成为人体体表一体化的东西。造型上的与体表协调及材料上的柔软、伸缩及弹性至关重要。在设计的初始阶段,考虑人体体表与衣服空间的容许量,应根据性别、年龄、体型、各部位尺寸来确立。

二、可动作性

可动作性与人体体表一致的特性有关,指衣服要满足人体形态的可动范围,及皮肤的伸缩、呼吸等人体运动属性。

衣服的运动及人体动作的运动要适应,不能有牵引感、束缚感。如吊带裙裤既不能在肩部有拉紧、抽直状,也不能松垮,以满足脊椎最大弯曲量为可动值;青少年女性的紧身衣不宜用无弹性材料,否则包紧不便动作。

三、复原性

复原性体现在服装能随人体运动而变化,而当人体运动结束时,衣服能复原的性能。除了结构上的牵制外,要考虑材料的压缩弹性与伸缩性。

四、吸汗性

吸汗性是为调节人体生理机制考虑的。人的出汗量可分为有助于体热发散的有效汗量、附着在皮肤上的附着汗量、流淌下来的汗量三种。有助于体热发散的有效汗量,可以用吸湿性、放湿性、通气性与含气性好的内衣来解决。正因为出汗量因人身体状况部位、季节、环境而异,服装与人体皮肤另构成一个界面系统,详见人体与服装卫生章节。

五、人体与衣料合适性

衣料与人体的配合,涉及到纤维性质、织造方式、款式定位等各种关系,在人体与包装材料一章中将作系统分析。这里讲的衣料与人体的合适性,仅指选择合适衣料的几项常规特征,可分为四个属性来考虑。

(1)满足人体运动属性。以柔软、伸缩、压缩弹性为佳。如内衣、运动服、修形装束应首先考虑选用此类性能面料。

(2)满足生理属性。以吸湿、通气、含气性好为佳,解决人体因服装而导致的人体发汗闷气感,并使人体内过剩热量得到散发,面料中如果空气保有程度和通气性一致,还为体温调节起作用。

(3)满足力学属性。如耐磨、耐疲劳性、刚软度,一般防护类服装均需考虑这个属性。

(4)满足质量属性。指服装的耐色性与缩水性,要达到基本指标,否则再好的形式与色彩也会失去价值。

人体与衣料的合适性还有一些特殊内容,如抗辐射线性、拒水性、静电性等,均待后详述。

第三节　服装保护人体的性能

人体对服装的特性要求,是人体形态与生理机能对服装提出的要求,而保护人体、免遭各种因素伤害,是由服装保护人体的性质保证。服装保护人体的性质有防污染、耐洗涤、降低摩擦因数、抑制带电量、防菌防霉与防虫、耐光与耐气候变化、耐化学品侵袭、耐热等方面。

一、防污染性

服装污染由穿用后的各种原因所致,内部污染有细菌与霉菌等,外部污染有灰尘、化妆品、饮料、汤汁、污水、污泥等。外部污染使服装失去视觉上的鲜艳感及洁净的效果,内部污染也许会成为传染病或皮肤病的媒介。至于服装的卫生整理将在后面叙述。

构成污物的固体粒子滞留在服装表面,即构成外部服装污染。它分机械式结合与静电效应吸引两类:机械式结合是污染粒子与织物表面机械地直接触附,而嵌入纤维表面的裂缝及纤维之间,或织物的纱线交织点上。静电效应吸引是织物表面因为暴露在污染粒子浮游的空气中,这种空气中的浮游污染物质呈气溶胶状态,粒子与织物表面相对密度不同及温度梯度而沉降于织物表面,加上惯性冲击与静电效应,吸引在服装表面[4]。构成服装内部污染主要是皮肤分泌物、皮脂、表皮脱屑等。

表 2-3-1 自然界污染粒子大小分布

粒子大小（μm）	质量百分数（%）	占表面积比例（%）
0.1～0.2	13.3	72.9
0.2～0.5	0.0	0.0
0.5～1.0	3.5	4.0
1.0～1.2	0.0	0.0
1.2～2.2	11.7	4.5
2.2～3.3	66.0	18.1
3.3～70	5.5	0.5
70～150	0	0

（转引[日]弓削治《服装卫生学》）

根据有关报告显示,织物的组织结构越稀疏,对污染粒子的保持量就越大。我们在服装设计中最好考虑到以下方面：其一,对于长时间用于室外环境的服装(外套部分),所选织物组织宜高密度、且表面平整光滑,纤维选择尽量回避羊毛等天然纤维；其二,通过贴身的内衣来吸收皮肤分泌物,这个部分以针织组织结构与棉纤维为宜。

二、洗涤与收缩

洗涤与收缩是针对污染性而言,洗涤是为了保持服装卫生及外观洁净,同时洗涤也会使服装出现收缩问题,收缩的出现,是洗涤的热收缩、缩绒、拉伸应变回复等物理作用而致。洗涤的次数与方法是保持服装整洁的关键,以一件衬衣为例,每天洗与隔几日一洗,前者洗数次后也看不出残留汗迹与污物；后者必定在后领围、袖口变成灰黄色。设计师所考虑与皮肤贴近的服装应耐于勤洗,而对耐勤洗的服装材料最好选择防缩整理的织物,以免服装形态变异过大(表 2-3-2)。

表 2-3-2 一般织物洗涤时的收缩情况比较

织物名称	未经整理的收缩率（%）	经过树脂整理的收缩率（%）
薄型棉布	6.74	1.09
厚型棉布	5.58	1.17
纯 毛	11.5	3.2
棉与人造丝交织	19.4	3.2
棉法兰绒	12.6	2.1
黏胶长丝	11.4	4.3

三、摩擦因数

摩擦因数指服装刚柔度中的硬度指标,在追求服装的柔性过程中,需考虑由硬度而产生的摩擦因数大小。我们借用表示硬度的弹性模量[4]来表示纤维变形程度,即以微力加于纤维使其变形时表示纤维抵抗数值、截面积及截面的形状相同时,此值大小代表纤维硬度的大小。弹性模量的公式(Young's Modulus):

$$E = \frac{\dfrac{F}{A}}{\dfrac{I}{L}}$$

式中:F 为加在物体上的力,A 为物体的截面积,I 为加力时引起的形变,L 为物体原来的长度。

此公式可以看出,弹性模量越大越难使纤维变形,而纤维越难变形,硬度也就越大。

服装与人体皮肤接触时,面料有一定的刚硬度,才会有适当的滑动性,但滑动太大也就不符合服装的穿着要求,设计中要考虑服装与人体接触的摩擦因数。一般来说,接触压力大、接触面光滑、表面毛绒少的材料滑动性好,滑动程度用表面摩擦因数来表示。测试方法是:在一块倾斜板上固定面料,另一块板上也固定面料,把它放在前者之上,使倾斜板渐渐倾斜,当被试面料开始滑动时的角度为 θ 时,摩擦因数 $\mu = \tan\theta$。

经过测试,可以看出表面粗糙的面料比光滑的面料摩擦因数大即羊毛>棉、醋酯>丝>人造丝>尼龙>玻璃纤维。这些排列可作为设计时的参考。

四、抑制带电量

生活中人人都可能碰到服装静电带来的不快。静电现象指两个物体互相摩擦或接触后,再脱离时产生的电触感及啪啪响声。所有的纤维均带电,合成纤维类最为明显,天然与再生纤维次之,即涤纶>维纶>锦纶>腈纶>丝>醋纤>毛>棉。如果纤维与纤维摩擦,毛、棉、麻为带正电;醋纤、涤纶、腈纶带负电。作为设计师来看,这种带电量的抑制方法,可通过服装材料在搭配层次上的穿插来实现,尽量回避正负电相互穿插重叠。

五、防菌防霉与防虫

在服装与人体的关系中,近年来国内外著名的服装公司均在产品的防菌保洁方面不惜工本。众所周知,服装(尤其是内衣、裤)中存在的多种微生物会侵入人体进行繁殖,服装成了细菌、霉菌危害人体肌肤的媒介。对于设计师来说,最好的手段是要求服装(内衣)材料均经过防菌、防霉的染整工艺处理,以实现保洁要求。

服装上的虫害有多种,引起这些虫害的原因是布料上浆后的浆汁及丝绸的蛋白质成分等,设计师要考虑这些因素,在要求避免虫害类服装中宜选用合成纤维为宜。

六、耐光与耐气候性

日光、紫外线、雨水等对服装性能有着不同的作用,它与保护人体有关。在天然纤维中,棉与丝绸在日光照射下有减弱的现象,合成纤维的耐光与耐气候性较好。像经常在日光环境下的服装,选用合成纤维类材料较为适宜,参见以下两项测试,可以有全面的了解。

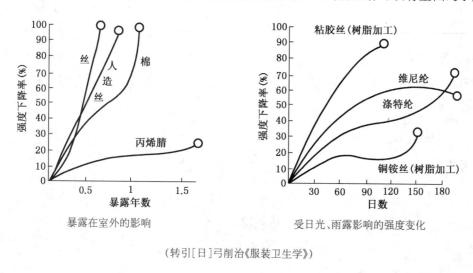

暴露在室外的影响　　　　　　受日光、雨露影响的强度变化

(转引［日］弓削治《服装卫生学》)

七、耐化学品与耐热

耐化学品与耐热主要针对着特殊职业服的人体防护而言,指对酸、碱、油漆等有毒物质的抗御。劳动防护服装的选材以合成纤维为宜。丝、毛等蛋白质纤维耐碱性能较弱;棉、麻等纤维素纤维耐酸性能较弱;玻璃纤维除了耐浓碱性较弱外,能抵抗一般化学药品,适合性较大。

关于耐热性与人体的关系,一般服装材料所构成的纤维类都是有机物,耐热有一定的尺度,否则会引起纤维分子分解、强度下降乃至收缩、软化、熔解。根据纤维的耐热性能(表 2-3-3),合成纤维为热可塑性纤维,天然与人造丝纤维为非热可塑性纤维。

表 2-3-3　部分纤维的耐热性[4]　　　　　单位:℃

纤维性质	分　解	软化点	熔　点
棉	150		
丝	150～170		
羊　毛	130		
人造丝	260～300		
醋酯纤维		200	230
尼　龙		235	250

纤维性质	分 解	软化点	熔 点
丙烯腈		190～240	—
涤 纶		230～240	250～265
腈 纶		190～220	300
氨 纶		175	250

从表 2-3-3 可见，在高温下分解的纤维是天然纤维与人造丝；在高温下软化、熔融的是醋酯纤维与合成纤维类。消防类的服装设计选材要用阻燃材料，玻璃纤维与石棉纤维的耐热性是一般纤维的 5 倍左右。

【思考题】

1. 人体工程学中主动防护与人类传统、民俗等的联系是什么？

2. 如何认识修饰人体与服装设计的密切联系？

3. 作为一名设计师，对服装符合人体特殊性的思考有哪些？

4. 在服装设计体现中，衣料的选择应注意哪些要点？

第三章
人体观察与服装设计系统

第一节　服装作为与人体相互作用的一个系统

　　本章节主要针对服装造型设计而言,叙述人体与服装设计界面关系,不涉及服装美学在人体媒介中的具体问题,目的是将服装作为准生理学系统来求证人体工程的价值。对于人体的观察,既不讨论人体细胞的价值,也不分析人体构造的生物学指标,而是研究服装造型中需要了解的人体形态、构造、体表、运动形态、体型、皮肤等部分内容,力求服务于设计师的创造,使服装更具"以人为本"的绩效。

　　随着服装设计领域对人性化的关注,以人为中心进行设计创意的倾向日趋加强。尽管有关服装设计的书籍都有人体内容的介绍,但都显得概念笼统,局限于解剖学内容,或者是基本的比例分割,例如,"人体有几头长""男女形体有哪些区别"。而对人体各部位与服装的系统关系、服装在人体上的外延成因、"第二肌肤"的塑形功能等内容缺乏深入系统的研究。服装设计所要求的人体观察有独特的视角,不像人类工程学中关于家具设计以人的脊椎形态、活动量及四肢尺寸为主,也不像工具设计以人的手型、握力、手腕关节形态为主,而是以躯干、四肢、皮肤为中心,并与作用的服装结构构成和谐整体的系统界面。

　　正如人体的各种生理功能一样,它们能够被看作若干个系统来分析。我们将服装作为准生理学系统来考虑,是出于服装是身体的外延,与人体相互作用关系密切的考虑。表现在服装贴切人体体表,具有人体的机能,并展现人体各部分的生理与卫生现象;是体现生理现象的物质媒介,无论是厚重的呢料外套,还是轻薄贴身的泳装,都是人体体表的延续。

　　当服装与人体构成一个整体时,其整体超过了各部分的总和。服装不单是为了体表的延续,还涉及到人体与服装的空间情况。人体的包裹形式不像器皿包装,人体的运动与生理、心理属性,要求服装形态是人体体表的二度形态,曲直长短、收放缩扩的价值在于如何使人体形态既自如舒适,又美观雅致、得体。

第二节　服装设计中的人体构造观察

服务于服装设计的人体观察，是服装人体工程学的主要内容之一。服装存在于人类行为模式中①，人机体的各种感觉器官接收服装刺激物的存在，一方面是人体机构，另一方面是服装，它们二者之间的合理化配合才能使服装与人的行为模式相匹配。深入研究和透彻了解人体构造特点及解剖学内容，才有可能实现人体机能与服装间的最优匹配。

针对服装设计中的人体构造研究，主要围绕人体构造与人体形态两大部分。人体构造包含内在与外表二层意思，人体内在构造以骨骼、肌肉、皮肤方面为主，人体外在构造以人体比例、对称关系、体型种类、性别差异为主。人体形态表现在人体体表方面，主要研究内容是对人体段落化、段落体面化的把握，人体段落化直接为服装类别与形制服务，段落体面化直接影响到风格样式及工艺结构处理。例如，躯干段落与箱式造型框架、腹腔梯形弧面与抽褶造型形态(图 3-2-1)，都是人体结构与服装设计的匹配内容。

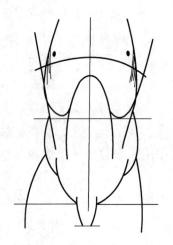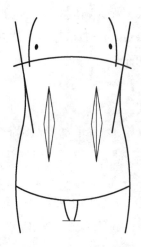

图 3-2-1　人体体表段落化理解

一、把握人体构造与运动机构

人体构造，指以骨骼、关节、肌肉等组织，在人体各局部构成的一个完整有机体，形式是左右两侧对称，并在运动的不同时空中形成繁复多变的人体形态。人体构造与运动机构是一门专门学科，我们主要从服装设计师的角度来将人体比例、解剖结构、人体外表与

---

① 人类行为基本模式 S-O-R，"S"指发生的各种刺激；"O"指人的各种感觉器官；"R"指器官对信息加工做出不同的形式反应，三者相互作用是心理学研究人的刺激与反应的关系。

块面等直接作用于服装造型的内容作论述介绍,对与服装次要关系的头、手、脚不作分析。

人体比例是人体结构中最基本的因素,以头高为度量单位来衡量人体全身及其他肢体高度的"头高比例",是一种较易掌握的方法,且国际通用。

解剖结构是对人体生理构造与外形有关的骨骼、肌肉、皮肤的生长规律、形态结构与机能的相互关系,反映人体性别特征与个性特征,是分析人体各种结构形态的依据。

人体外表研究人体对称、体型、性别差异的外部体表,对人体外形切面化、块面状分析,促使设计师概括地、富有空间想像力地展现人体与服装的空间关系,它是直接作用于设计的部分。

(1) 头高为度量单位的人体比例:人体各部分之间度量的比较称为人体比例。由于人种、民族、性别、年龄及遗传发育等差异,没有绝对的比例完全一样的人。人体比例是指生长发育均称的青年人体平均数据。根据这个平均数据,青年人(尤其男性)平均身高 170 cm 左右,头高为 23 cm 左右,若把头高作为一个单位来衡量全身的话,这两个数据之间的比例是 1∶7.54,从而得出人体是 7 个半头高的比例(图 3-2-2)。

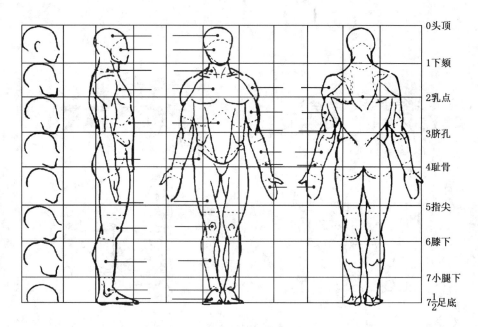

0头顶
1下颏
2乳点
3脐孔
4耻骨
5指尖
6膝下
7小腿下
7$\frac{1}{2}$足底

图 3-2-2　人体比例

不同年龄的人体有不同的身高与头高比例,幼童在 4 比 1 左右,少年在 6 比 1 左右,16 岁时为 7 比 1 左右,25 岁左右定型在 7 个半比 1,老年时由于躯干的萎缩显得矮一些。

人体比例中的人体宽度比例,上肢向左右平伸,其长度大致与身长相同(图 3-2-3)。但在其他部位,男女人体有差异。肩宽方面,女性约 1.7 头长,男性约 2 头长;腰宽方面,女性 0.8 头长,男性 1 头长;臀宽女性 1.5 头长,男性 1.4 头长(图 3-2-4)。

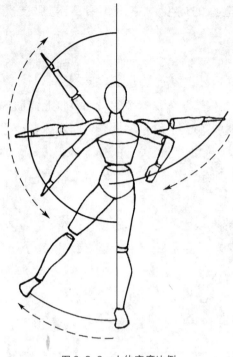

图 3-2-3　人体宽度比例

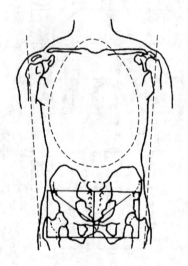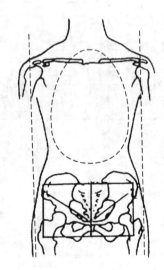

图 3-2-4　两性体宽比较

　　(2) 人体生理结构形态：人体生理结构形态借助解剖学内容，分析与服装外形处理有关的骨骼、关节和肌肉系统。

　　骨骼分布人体全身，起支撑身体作用。成人体内共有 206 块骨，既支撑体重又保护内在器官，适应于运动。骨与骨之间通过韧带或关节、肌肉互相衔接，为人体外形构成及动作服务。

　　骨骼形状有长骨、短骨、扁骨。长骨起支撑与运动作用，呈长管形状而分布在四肢；短骨在运动复杂的部位,如腕骨、跗骨、踝骨;扁骨起保护内脏器官作用,如胸骨、髂骨。

骨骼系统分成躯干部与四肢部(图3-2-5),具体分布如下:

躯干部
(共80块)

头部—头颅部分有额骨、枕骨、颞骨
　　　面颅部分有上颌与下颌骨、鼻骨、颧骨
躯干部—脊椎有胸椎、腰椎、骶骨、尾骨
　　　胸廓有胸骨、肋骨的前后围合

四肢部
(共126块)

上肢—肩部有锁骨、肩胛骨
　　　上臂有肱骨
　　　前臂有尺骨(内侧)、桡骨(外侧)
　　　手有腕骨、掌骨、指骨
下肢—髋部有耻骨、坐骨、髂骨
　　　大腿有股骨
　　　膝部有髌骨
　　　小腿有胫骨、腓骨
　　　足有跗骨、跖骨、趾骨

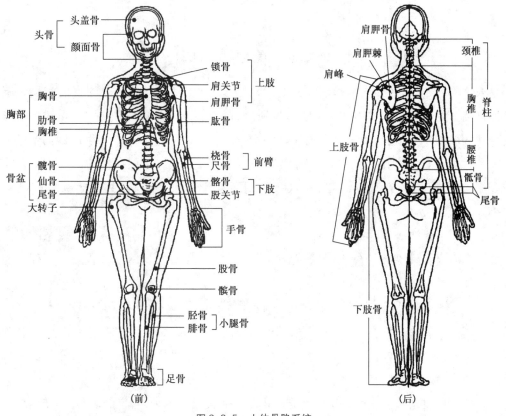

头骨
　头盖骨
　颜面骨

锁骨
肩关节　上肢
肩胛骨
肱骨

胸部
　胸骨
　肋骨
　胸椎

桡骨
尺骨　前臂

骨盆
　髋骨
　仙骨
　尾骨
大转子

髂骨
股关节　下肢

手骨

股骨

髌骨

胫骨　小腿骨
腓骨

足骨

(前)

肩胛骨
肩胛棘
肩峰

颈椎

胸椎　脊柱

上肢骨

腰椎

骶骨

尾骨

下肢骨

(后)

图3-2-5　人体骨骼系统

骨骼系统中的关节,指两骨或者更多的骨连结一起能活动的部位,关节由关节软骨、关节囊和关节腔三大部分组成,是人体各肢体得以灵活运动的关键所在(图3-2-6)。关节软骨光滑而具有弹性,便于运动;关节腔起加固关节的作用。关节的运动有屈伸、外展、内收、旋内、旋外、环转等。

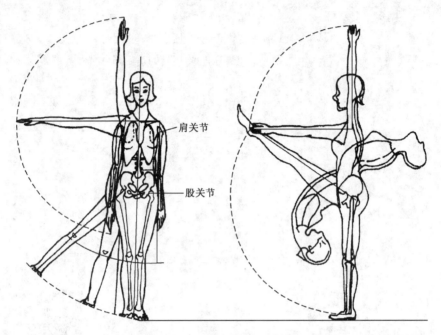

图 3-2-6　人体主要关节运动分析

人体的肌肉有骨骼肌、平滑肌、心肌三大类,要着重观察骨骼肌,它的收缩活动影响人体运动器官的变化。人体中共有600多块肌肉,占身体总重量的40%左右,它的构成形态与发达程度影响体型,与服装造型关系极大(图3-2-7)。肌肉特点是有展长性与弹性,外力作用下可被拉长,外力解除后肌肉可缩回原状,织物所要求的压缩弹性与回复力就是为它匹配服务的;肌肉还有兴奋性与收缩性,受刺激能产生兴奋,兴奋到一定程度就会产生收缩。

通过以上人体骨骼、关节、肌肉等解剖分析,可以把这些知识与人体外貌联系起来,(图3-2-8)标记为人体外形上体表(骨骼)最外显凸露的部分[5]。这些部分也就是人体与服装接触力最大的部分,具有披挂(肩峰)、撑(髋部大转子)、贴(髌骨)等设计上考虑的价值。

(3)人体外形段落与块面化:作为服装设计师了解人体外形可以用分段组合,且在分段组合的基础上,将复杂的曲面块面化来观察,从整体到局部,再从局部到整体,如套装的某部分适用于什么外形段落,与该段落的块面状呈什么匹配程度;再将这些部分组合在每个外形段落中,审视整体协调效果。

人体外形可划分为头部、躯干、上肢、下肢四个大段。每个段落可分成若干部位,如躯干可分为颈、胸、腹、腰、髋部,上肢分为肩、上臂、前臂和手,下肢分为臀、大腿、小腿和脚。段落划分的依据是以人体各部结构的衔接与穿插处,人体的骨骼与肌肉连接在体表上的

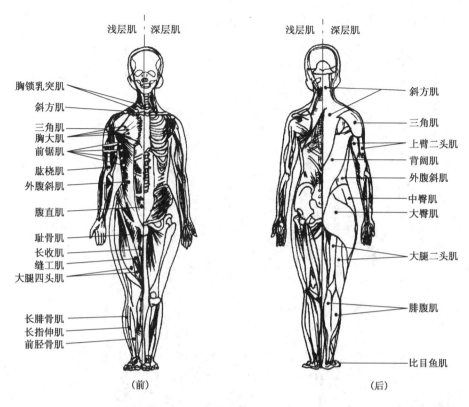

浅层肌 深层肌　　　　浅层肌 深层肌

胸锁乳突肌　　　　　　　　　　　　　斜方肌

斜方肌

三角肌　　　　　　　　　　　　　　　三角肌

胸大肌　　　　　　　　　　　　　　　上臂二头肌

前锯肌　　　　　　　　　　　　　　　背阔肌

肱桡肌　　　　　　　　　　　　　　　外腹斜肌

外腹斜肌　　　　　　　　　　　　　　中臀肌

腹直肌　　　　　　　　　　　　　　　大臀肌

耻骨肌

长收肌　　　　　　　　　　　　　　　大腿二头肌

缝工肌

大腿四头肌

长腓骨肌　　　　　　　　　　　　　　腓腹肌

长指伸肌

前胫骨肌

（前）　　　　　　　　　　　　（后）

比目鱼肌

图 3-2-7　人体肌肉外观与结构分析

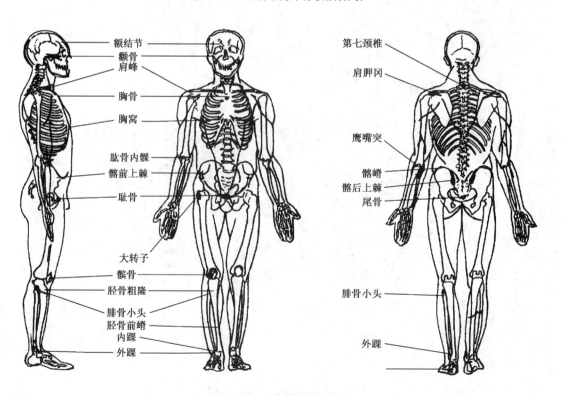

额结节　　　　　　　　　　　　　　　第七颈椎

颧骨

肩峰　　　　　　　　　　　　　　　　肩胛冈

胸骨

胸窝

鹰嘴突

肱骨内髁

髂前上棘　　　　　　　　　　　　　　髂嵴

耻骨　　　　　　　　　　　　　　　　髂后上棘

尾骨

大转子

髌骨

胫骨粗隆

腓骨小头　　　　　　　　　　　　　　腓骨小头

胫骨前嵴

内踝

外踝　　　　　　　　　　　　　　　　外踝

图 3-2-8　人体骨骼结构分析

凹凸、转折、榫接形成段落标记,图 3-2-9 是人体段落划分表示[6]。

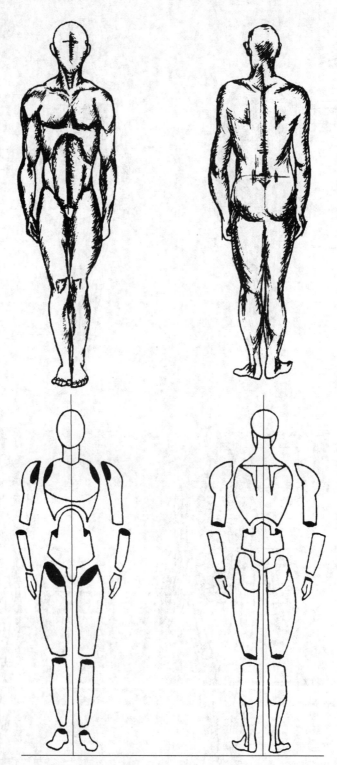

图 3-2-9 设计师应考虑的人体段落划分

人体外形块面化,指将人体的复杂形态概括成各种简约几何形块,事实上服装形态都与人体外形的块面形状呈匹配势态,它们共同对人体外形体表进行强调、夸张、取舍(图3-2-10)。例如,将胸部与髋部概括为上、下两个相互倒置的梯形立方体,把四肢概括为多个圆柱体组合,对人体外形块面化的理解,不能忽视所有形块均是立方体块的简略特征(图3-2-11)。

(4)设计师必须考虑的人体外表特征:服装以各种面料材质、经过设计造型创意,为人体外表作装饰从而实现服装价值。服装设计不像其他造型设计,制约性与限定性都不能脱离人体的外表,人体的外表内容也就有了服务于设计的实用价值。

① 人体左右对称性:从解剖学角度来看,以人体正中线划分①,人体左右基本对称,服装设计中考虑的人体左右对称是绝对对称,以求和谐呼应,特殊的不对称造型设计风格及人体缺陷除外(图3-2-12)。

② 体型与分类:体型指人体外形特征及体格类型,它随性别、年龄、人种等不同会产生很大的差异,体型与遗传、体质、疾病及营养有密切关系。

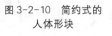

图 3-2-10　简约式的
人体形块

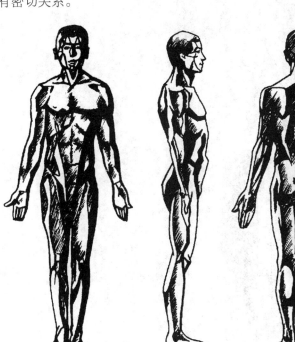

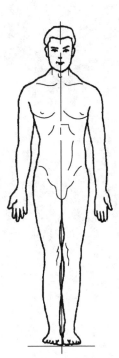

图 3-2-11　立方体块的人体简略特征　　　　图 3-2-12　人体左右基本对称

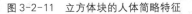

① 把直立的人体平均切成左右两半,此切面叫正中面,正中面的前后两端连线为正中线。

体型的分类有多种方案,在人体测量学科中以瘦长型、中间型、肥胖型三种为首选分类方案:

　　瘦长型:身材瘦长,体重较轻;骨骼细长;皮下脂肪少,肌肉不发达;颈部细长;肩窄且圆;胸部狭长扁平(图3-2-13)。

　　肥胖型:身体矮胖,体重较重;骨骼粗壮;皮下脂肪厚,肌肉较发达;颈部粗短;肩部宽大;胸部短宽深厚,胸围大(图3-2-14)。

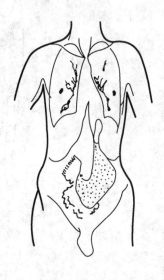 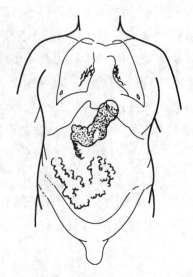

图3-2-13　瘦长型体型　　　　　　　图3-2-14　矮胖型体型

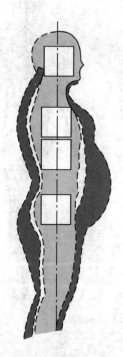

图3-2-15　胖(深灰)、瘦(淡灰)、正常(白线)三类体型外表特征

中间型:介于以上两者之间。

这三种体型的不同,主要在于肌肉与脂肪附着层的差异,它们的体表标志点并没有变化,图3-2-15是胖瘦体型因肌肉、脂肪不同而产生的个性外表特征;图3-2-16是男女胖瘦体型正侧不同外观。

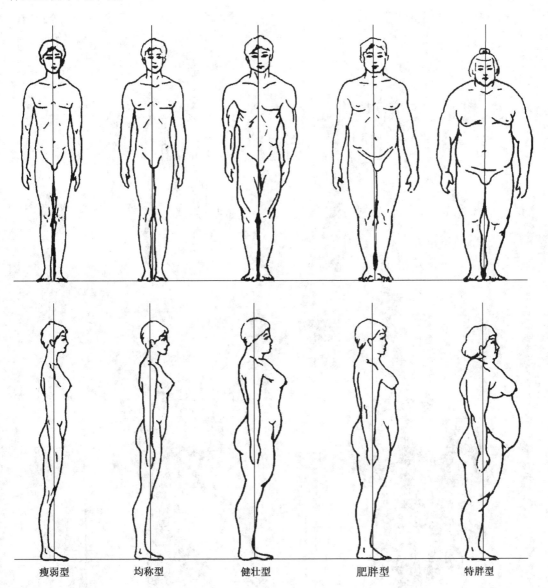

| 瘦弱型 | 均称型 | 健壮型 | 肥胖型 | 特胖型 |

图 3-2-16　男、女胖瘦体型正侧外观

国内服装行业常把体型分成正常、挺胸、驼背、挺肚四种类型,未包括特殊体型在内(图3-2-17)。观察方式以人体靠墙直立,看背部哪一部位与墙面接触而确定属何种体型[7]。

正常型——肩胛骨、臀部、足跟处于同一垂直线,D、E、F点触线。

挺胸型——头部C点触线。

驼背型——肩胛骨 D 点触线,其余各点离开垂线。

挺肚型——头部 C 点与肩胛骨 D 点触线,腹部外凸。

③ 性别、年龄差异:人体外形因性别与年龄不同,存在着明显的生理特点差异,首先是外部生殖器官不同的第一性差异;其二是男女在青春发育期之后,躯干部位外形差异。

男女外形差异主要是骨骼结构在起作用,男性骨骼都大于女性,并在外形上比较显露;男性的脊柱比女性弯曲程度小(图 3-2-17),男性肩部比较宽、臀部窄、胸廓体积大而呈上宽下窄形态。女性相反,胸廓较小,臀部较大且靠下,肩窄略下倾(图 3-2-18)。

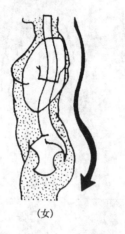 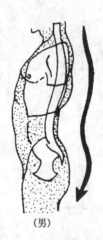

(女)　　　　　　　　　　(男)

图 3-2-17　男女脊柱弯曲程度不同,女性较大腰曲
使臀部向后倾,男性躯干较挺直

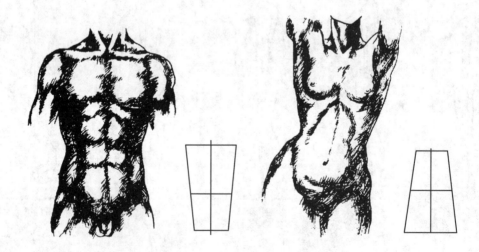

图 3-2-18　男性与女性躯干外形区别

女性的性别特征对于服装设计尤为重要,如在风格上显露女性化效果,必须对它的性别形态准确把握,并找出依据。女性外部形态由于较多的脂肪组织分布于肌肉之上,更使骨骼藏匿其中,而显得圆润柔和,曲线丰富(表 3-2-1)。

表 3-2-1　男女性别特征外形差异

部位	男	女
颈部	粗、喉结明显	细、长,喉结不明显
肩部	平、宽、浑厚	窄、扁、向下倾斜
胸部	胸轮廓较长、宽,胸肌健壮;乳腺不发达	胸轮廓狭小,乳腺发达,呈圆锥形隆起;乳点向外侧偏斜
背、腹部	背阔、腹平	背圆浑、腹肌沟明显
腰部	脊柱曲度小,腰段低凹	脊柱曲度大,腰段高,凹陷浅
臀部	骨盆高、窄,臀肌健壮,皮下脂肪少而髂嵴外凸不明显	骨盆低、宽,体表丰满隆起,臀肌发达,皮下脂肪多而髂嵴外凸明显,与大转子连成弧形曲线

男女由于年龄不同,在人体外形上也有差异,年龄越小,头部所占比例就越大,1～2 岁身体总体高是 4 头长,5～6 岁是 5 头长,10 岁是 6 头长,14 岁是 7 头长,16 岁接近成人 7.5 头长,25 岁后一般不再增长。

老年人的体型随着生理机能的衰落,各部关节软骨萎缩,脊柱弯曲而比壮年时略矮,胸廓外形也变得扁平,腹部增大而松弛下坠,背部显得圆浑。

(5) 皮肤与服装设计的关系:将皮肤部分单独列出,是出于它对服装的地位与无法替代的作用。人们在服装创造行为中,一直以服装面料是否具有皮肤作用来检验它的价值,服装直接作用于皮肤,皮肤是肯定或否定服装价值的人体首要媒介。

① 皮肤的生理属性:人体均由皮肤覆盖,总表面积约有 1.5 m^2(指甲与毛发属角质化皮肤)。皮肤的外表面可分为表皮、真皮、皮下组织三部分(图 3-2-19)。

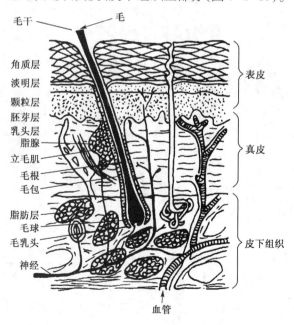

图 3-2-19　皮肤构造分析

表皮——也称上皮细胞,其中没有血管与神经,此层深处的细胞不断分裂与增殖而移行到表面,失去细胞核后角化,呈扁平状角质层从皮肤表面脱落,脱落后与灰尘、汗脂混合后形成污垢。

真皮——真皮紧接表皮之下,向表皮层伸出许多乳头层,无数网状血管、毛根、汗腺、皮脂腺出入其中,真皮的弹力纤维构成质密网状结构,而使皮肤富有弹性。

皮下组织——皮下脂肪层,其厚度是皮肤的2~3倍。

表皮、真皮、皮下组织构成的皮肤具有丰富毛细血管网、蓄积大量血液、散发体热及冷、暖、痛、痒的感受作用。

② 皮肤的温度:人体与外部环境的热交换主要是通过皮肤来进行的,因此皮肤温度与服装的保温、降温有必然联系。影响皮肤温度的因素除服装外,还受体热产生量及环境温度条件影响而变化,气温低则皮肤血管收缩及血流量减少,进而使皮肤温度下降;反之,皮肤温度会上升。当气温为20℃无风时,平均皮肤温度为32.5℃左右,按人体部位来看,主要覆盖胸、背、腹部。一旦外界气温趋低或走高,皮肤都在5~10分钟内有相应下降或升高,15~20分钟后趋稳。

日本米田氏在无风状态的恒温室内,用健康男子实验,在同一环境下,测定裸体与穿衣的皮肤温度变化,在身体26个点测定不同的温度变化(表3-2-2),测定表明皮肤温度随季节变化很大,尤其是四肢。

表 3-2-2　裸体与穿衣时皮肤温度测试

气温 ℃ 服装 部 位	15		20		25		30	
	裸体	穿衣	裸体	穿衣	裸体	穿衣	裸体	穿衣
颈　部	29.1	32.8	31.2	34.0	31.8	33.4	33.4	33.7
胸　部	26.8	32.8	29.3	33.4	30.7	32.8	31.8	32.7
腹　部	27.9	33.3	30.9	34.2	31.6	33.9	33.0	34.1
上胳膊	27.5	31.9	29.6	32.8	31.0	32.6	32.4	32.9
大　腿	25.6	28.8	28.7	31.1	30.0	32.1	32.2	33.1
足　部	20.9	23.9	25.2	28.4	31.1	33.0	33.2	33.6
平　均	26.3	30.4	29.1	32.1	31.0	32.8	32.6	33.3

(转引[日]弓削治《服装卫生学》)

女子的皮肤温度比男子低,特别是低温时更低,裸体时更加明显。穿衣使皮肤温度上升的程度女子比男子小,原因是女子皮下脂肪厚及女装重量较轻(表3-2-3)。

表 3-2-3　男女平均皮肤温度比较　　　　　　　　　　　　　单位：℃

气　温		15	20	25	30
裸体时 温度	男	26.3	29.1	31.0	32.6
	女	25.8	28.3	30.7	32.2
穿衣后 温度	男	30.4	32.1	32.8	33.3
	女	29.0	30.7	31.9	32.6

③ 皮肤作用。皮肤作用体现在三个方面：

a. 皮肤通过热传导、对流、辐射等方式散发并与周围环境建立热适应；

b. 有冷、热、痛痒感觉，是作用于人体系统的输入部分；

c. 对骨骼、内脏器官起保护作用。

④ 皮肤弹性与服装弹力：皮肤具有弹性，不同年龄段的人皮肤弹性不一样（图 3-2-20）。在服装设计中，要考虑服装如何能使皮肤感觉更舒适、更配合运动，皮肤实质的延伸度最高为 30%～40%，而服装面料与皮肤接触的部位也应富于延伸性，也就是生活中所要求的弹力面料，弹力程度要略高于皮肤延伸度，否则会有牵引、僵硬感。

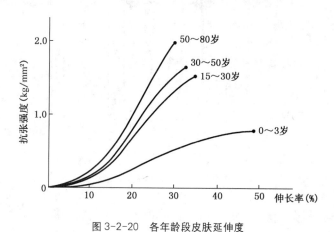

图 3-2-20　各年龄段皮肤延伸度

二、服装构成与人体形态的关系

我们已从人体解剖学、生理学方面了解了与人体形态有关的内容，目的是为了服装构成能与人体构造及形态匹配。

从服装构成的视角来研究服装与人体形态的整体关联性，是服装人体工程学中人与衣服的界面关系，主要表现在人体各部位与服装各部位的关系、人体通身形态与服装整体形态的关系。

（1）人体方位与服装方位：人体与服装构成一个整体形态时，二者具有同样的方位性，这个方位指整体形态外观上的上下、前后、左右位置，位置之间也反映关联、分离、呼应等关系。

将人体直立,采用立方体来包围,脸、胸、腹、膝等方向为前面,这部分属于服装风格与品质的展示区,是评价服装设计艺术含量的主要部位;背、臀部等方向为后面,后背以覆盖贴身为主,后臀以表现裤型及勾勒臀部形态为主;前面与后面之间的两侧称为左侧和右侧,左右两侧是显示男女性别特征的关键造型部位(图 3-2-21)[8]。

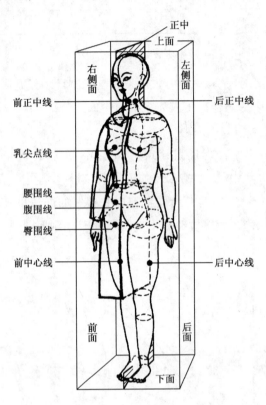

图 3-2-21　女性性别特征与造型线分析

(2) 人体的体表区分与服装的划分:人体的体表可分成躯干部与肢体部,躯干部由头部与胴体部组成,肢体部由上、下肢组成(图 3-2-22、图 3-2-23)。作用于服装的躯干部以颈、胸、肩、腰、臀五个局部组成。

① 颈部:服装领围线,自颈前中心点沿着左右的侧颈点再连接颈后中心点围量一周。

② 肩部:肩部属立方体包围的上面,没有明确的界线,以颈的粗细与手臂厚薄为基准,肩线包含在基准之中。解剖学没有肩部,归属颈部范围,但服装造型中肩线部位尤为重要,决定造型的形态风格。如平袖与套袖,前者传统严谨,后者别致休闲。

③ 胸部:解剖学的胸围包括胸前后部,而服装构成上,胸部的后面为"背部",前后胸的分界以肋线为基准(图 3-2-22),肋线即身体厚度中央线。乳房因人种、年龄、发育、营养、遗传等因素,形态各不相同,服装处理时,应以胸高点为中心,在适量空间内不出现缝线,以求形态圆满。

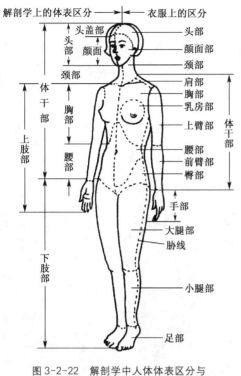

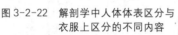

图 3-2-22　解剖学中人体体表区分与
衣服上区分的不同内容

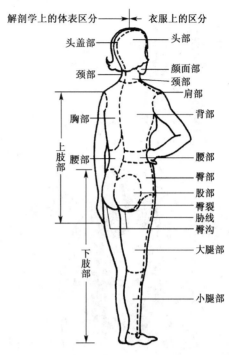

图 3-2-23　解剖学中人体体表区分与
衣服上区分的不同内容

④ 腰部：此部分除后面的体表有脊柱之外，均无任何骨骼，腰围线在此范围内确定。

⑤ 臀部：自腰线以下至下肢分界线止。服装中对臀沟的处理，关系到形态与舒适性。

⑥ 上肢部、下肢部：对上、下肢体部的划分，上肢部有上臂、前臂与手，上臂部与躯干相连；下肢部有大腿、小腿与足。上、下肢体部的服装区分，力求将曲率多变、起伏不定的肌肉形态概括简约，以"筒状"的变化为宜。另外，与躯干部连接处要有适当放量，以便肢体与躯干部运动协调。

第三节　人体各部位与服装设计界面

　　服装人体工程学的目的在于使服装设计与人体各部位要求相适应，使人体与服装界面达到整体上的内外和谐同步，进而显示最佳状态与最优绩效。"内"指人体受服装作用的部分，"外"指服装服务于人体的内容，二者之间的联系客观且富有系统性，在人体部位与部位之间，人体与服装、服装与人体各个界面上，尊重人体固有形态结构，才能使服装有效地作用于它，也使受服装作用后的人体更具卫生、舒适、合理的效能。

　　这里所研究的人体各部位，与解剖学中人体体表区分不同，仅针对与服装关系密切的颈、肩、胸、腰、四肢、臀等部位作静、动态分析，并着落在与之配合、关联的服装处理上。

一、颈部

颈部是人体躯干中最活跃的部分,它将头部与躯干连结在一起(图3-3-1),它对服装设计的重要价值是围绕它的四周结构形式与缝线决定服装衣领式样,在颈部与躯干的界线处呈现。

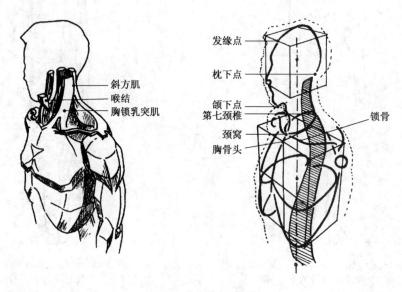

图3-3-1 颈部结构分析

在图3-3-1中,颈部前面上限为颔下点,下界至锁骨以上的颈窝处,后面从枕下点至第七颈椎点,外形呈上细下粗的圆柱状,从侧面看颈部向前倾斜、楔入躯干部并形成前低后高的斜坡(图3-3-2),这个斜坡是造成前后衣领领窝弧线弯度和前后衣片长差的依据。不顾及颈部的结构特征,会在服装造型上出现前拥后吊的现象。

图3-3-2 颈部呈前低后高的斜势

颈部因人而异,有长短粗细之分,周径与倾斜势态也不一样。例如,挺胸型与驼背型的颈部倾斜度大不相同(指人体直立静态状况下),在高级时装的量身定制中,要对颈部进行实际测量。

正常的颈部倾斜角,以日本成年女子普测为例,倾斜角平均值为18°,最大是25°,最小是11°(图3-3-3),平均值是前倾斜角加后倾斜角,再除以2得出的。

服装领围线是根据颈部生理结构产生的,前有胸锁乳突肌而形成凸形,在这凸起点上确定为前颈点(图

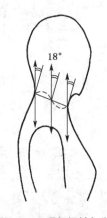

图3-3-3 颈部倾斜角分析

3-3-4a),前颈点与斜方肌的下部连成侧颈点(图3-3-4b),侧颈点再与第七颈椎点连成后颈点(图3-3-4c),将前颈点、侧颈点、后颈点连接画顺,就形成了领围线。

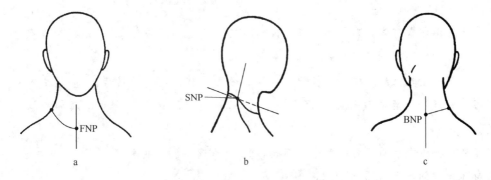

图 3-3-4　人体颈点与服装颈(领)线的关系

　　颈部是脊椎中最易弯曲的部分,能做前屈、后伸、前移、后移、扭转及侧屈头部的动作。在领部设计中,横、竖开领的适度放量是适应颈部运动最常用的方法,而贴身式的领部设计常用弹力面料制作。

　　考虑颈部造型也要顾及头、肩结构关系,领围的宽松量视款式而定。距离颈部体表空间越大,宽松量也就越大,这是放量规则;半高领式的高度宜在锁骨与喉结之间,以不妨碍颈肩部侧屈运动。

　　图3-3-5中三种不同领式的处理能说明颈部结构与服装设计的关系。

半高领　　　　　　　　　V型领　　　　　　　　　吊带式领

图 3-3-5　不同领式与颈部结构关系

　　(1)半高领造型:在锁骨到领口上缘呈上窄下宽圆柱状,领口在喉结部位,既有颈部修长感,又有利于颈、肩、头部协调运动。

　　(2)V型造型:开领比常规衬衣略宽,使"V"型折角在50°~60°左右,而保持视觉上的适度,直开领视设计而定,只要不低于乳点位置均可。

　　(3)吊带处理:系带的悬吊点在颈部斜方肌与肩部三角肌之间,这两块肌肉的接合处呈凹势,正好稳住系带而防止侧滑。

思考与实践：

基于颈部结构与体表观察的领式设计解析

在生活中经常可以见到一些不够严谨的服装出现前拥后吊现象，那是因为在服装制作时，尤其是领部的设计，没有从颈部的结构特征出发。

颈部是一个呈上细下粗的圆柱状。从侧面观察呈前低后高的斜势，因此造成前后衣领颈窝弧线弯度和前后衣片长差距的依据。同样，领围线的产生也是根据颈部的结构所产生的。

颈部是脊椎中最易弯曲的部分。因此，在考虑颈部造型时也要顾及头、肩结构关系。距离颈部体表空间越大，宽松量也就越大。

■ 案例一

（1）圆型领：沿颈部呈圆型的领口线叫做圆型领领线。衣片圆型的领口也属于圆领的一种，领口的大小要根据设计的不同而进行变化。小的领口显得朴实，大的领口显得袒露。那些颈粗而短的人，较为适合开口稍大一些的领型。

（2）帽子领：是指以帽子代替领子的一类造型，在此，帽子的实用功能已失去，取而代之的是作为领子的装饰功能。帽子领在现代服装设计中是应用极其广泛的一类领型，它具有潇洒、随意，富有变化的特点，尤其适合于运动装、休闲装，受到各年龄层次穿着者的喜爱。

（3）一字领：是把领口横向开大、前领口按原型或在原型的基础上提高，像船的形状，故也叫船型领，它给人以直率、坦露、温柔、善良的感觉。常被用于连衣裤及夏季时装中。

（4）荷叶领：是指领子边沿有着类似于荷叶的褶皱而得名，它包括各种波浪领。它的特点是通过加大领口线使其呈现波浪状，同时领底线弯曲程度也大大增加。荷叶边带有很强的女性味，给人以优雅、华丽的感觉。

（5）方型领：开阔的方形使体积感增加，并缩短了视觉感。还适合肩宽的人穿着，否则会显肩更宽。方领多用于休闲类服饰的设计（图3-3-6）。

图3-3-6 不同的颈部设计

（6）U型领：性感的U型领是圆领的一种变形与扩展，呈字母U型状，这种领式在视觉上使女士的头、颈、肩完美结合，简洁又实用（图3-3-7）。

（实践人：侯夏娃）

图3-3-7　不同的U型颈部设计

■ 案例二

翻领在日常生活中也是最为常见的领子之一，而其千变万化的结构特性，都不可忽视与颈部形态"后高前低、后平前曲"的结构形态。

后高前低、后平前曲，沿脖领有坐颈部分，也有翻折领部分的领子，就称为翻领。也有被称为竖折领、衬衣领等名称，多用于女式衬衣上。

在有搭门的衣身上的翻领，领着襟是敞开穿用着的领子就是开领。也有把它称做开襟衬衫领、开关领等等。开领的穿着上主要是领外围尺寸短，领窝要平整，制作美观。

西服领是驳头与领子共同形成的，一般多用于男西服套装上，所以这个名称就沿用下来了。西服领有平驳头和枪驳头两种类型（图3-3-8）。

（实践人：刘心宇）

图3-3-8　颈部设计表现"后高前低、后平前曲"的结构形态

二、肩部

肩部由锁骨与肩胛骨共同支撑构成，后面的斜方肌与前面的胸锁乳突肌、外侧肩峰的三角肌共同构成肩部的圆弧形态，丰满圆润；锁骨后弯处的胸大肌和三角肌交接处有腱质间隙，而形成锁骨下窝，在肩前部外观形态上出现两侧高、中间凹陷、肩后部呈圆弧形态(见第二节解剖部分)；肩部体表外观由于颈侧根部向肩峰外缘倾斜，它与颈基部构成了夹角，大约在10°～30°范围(图3-3-9)，女子倾斜角大于男性。

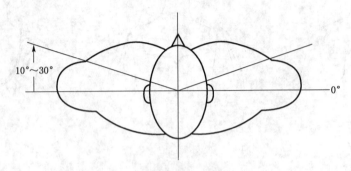

图3-3-9　肩与颈部夹角范围

肩部在服装设计中的价值如同千姿百态的衣架悬吊不同类型、尺码、重量的服装，它对区别人的性别与体型、服装风格影响很大，男阔女窄、男正女倾均形象地说明造型与肩部形态的关系。把肩部作为服装造型的主要特征来考虑，常见的服装造型以正常体、溜肩、平肩三种来区别肩部的特征；服装结构与肩部的合适，不仅影响外观，也关系到人的舒适与上肢部活动。

对于服装设计中的肩部处理，确定肩头点是设计的依据。肩头点不是人体肩部结构上的肩峰点，它是指按设计要求而在肩峰处的幅域内确定一个坐标，或前或后、或上或下，而显示背高低、肩宽窄的基准，一般游离范围在肩峰点上下2～3 cm、前后1～2 cm左右的幅度(图3-3-10)。

肩头点——

图3-3-10　服装肩峰的幅域

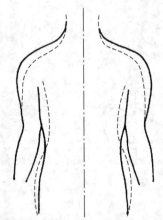

图3-3-11　男女肩部的不同斜势分析
（虚线为女性肩部形态）

男、女肩部的正、斜特征差异,对于设计师而言是不可忽视的,男性肩阔略平,女性肩狭略斜,图3-3-11中实线为男性肩形态,虚线为女性肩形态。

　　在解剖学中,肩部属躯干部分,肩部外侧是躯干与上肢的界线,两者以肩关节相连,肩关节在人体中运动量很大,有提耸、下降、内收、外展、上旋、下旋等活动,图3-3-12是肩关节提耸与下降活动势态。由于上肢运动而引起肩部形态变化,也是设计中要考虑的重要因素(图3-3-13),与之对应的是肩部设计中,肩头袖窿线设定的位置把握。从图3-3-14中可以看出,袖窿的不同构成所产生的运动量也不一样。

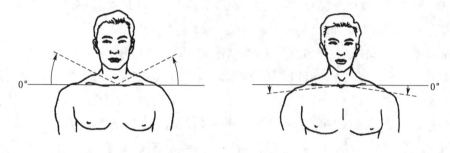

图3-3-12　肩关节提耸与下降幅度

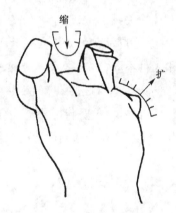

图3-3-13　上肢活动(上举与下垂)引起的肩部形态变化

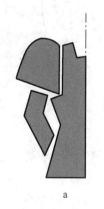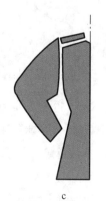

　　a　　　　　　　　　b　　　　　　　　　c　　　　　　　　　d

图3-3-14　袖窿不同形态所产生的运动量也有差异

a. 肩峰夸大，肩宽缩小，上肢运动量大；

b. 回避肩头点，以颈下锁骨为起点，接合三角肌，使形态与肩部结构的前凹陷后饱满一致；

c. 复肩(yoke)直接划出肩宽，肩头点保持正常位置；

d. 肩部宽度变异，肩头点下移至上臂，形态上加强力量感。

三、胸部

胸部在解剖学中属躯干部分，出于胸部在服装设计(尤其是女装)中的特殊位置，将之从躯干部分分离出来观察，研究它的形态外观与服装造型的匹配关系。

胸部总体上有三种形态：狭胸，胸狭长而扁平；中等；阔胸，胸宽短而深厚。

胸部的范围指肩部以下，腹部以上。胸部的基本形状由胸部轮廓构成，胸廓包括胸后脊椎(大约第七脊椎至第十八脊椎之间)、前胸骨、十二对肋骨三大部分，外观呈上狭下阔的截面圆柱体，胸大肌在胸上部以半环状隆起，使人体正面躯干出现浑厚丰满的特征，肌肉不发达者肋骨外显，它因体格、营养、发育、年龄不同而异。胸部中部无肌肉的部分有一条纵沟，称之为正中沟，服装形态上的左右对称界线以此位置为准。

胸部是女装(指成年女子)设计的关键部位，这个部位的设计成败不但关系到整体形态美，而且对人体躯干部的舒适、卫生、心肺活动量是否正常起关键作用。

女性胸部的乳房形态因人和人种不同，差异很大。成熟未婚女子的乳房位置在第二根肋骨至第七根肋骨之间，内侧在胸骨外侧边缘，外侧连接腋窝。乳房大致有四种形态(图3-3-15)：圆盘状、半球状、圆锥状、下垂状。不管什么形态，乳房均有方向性(图3-3-16)，方向轴向外侧斜，乳头位置在二头身高的位置(图3-3-17)。

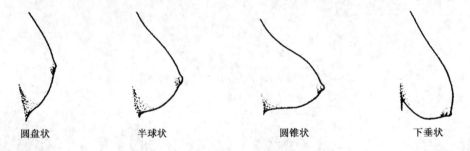

圆盘状　　　　半球状　　　　圆锥状　　　　下垂状

图3-3-15　乳房的类型

女性乳房部的体积表现，也就是服装设计中的女性性别化体现。常用的手段是在肩部、胸侧、腹下打褶抽缩，以求空间体积来展现丰满的乳房。这里要把握一个重点，即无论在什么部位打褶，打褶的褶线缝要与乳头保持一定距离，大约8 cm左右，目的是不破坏乳房圆锥状的形态(图3-3-15)。

服装解决乳房部的设计，涉及到人体与服装的各个界面，我们以基本内衣(Foundation)或胸罩(Brassiere)来分析，可以看出其中的界面关系：

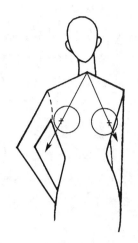
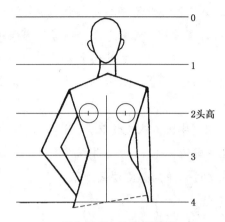

图 3-3-16　乳房具有外侧斜的方向性　　　　　　图 3-3-17　乳点的高度

其一,乳房有各种形态,圆盘状、半球状、圆锥状、下垂状,而现今的罩面似乎局限在一个统一的罩面之中,在夏季由于外衣的单薄,时常显示出罩面与着装者乳房形态不匹配的现象,不是罩面顶端空荡,就是罩面大小不一。

其二,胸罩束带的压力(松紧度)问题,女性背部肩胛骨下外侧出现多余的凹陷起伏,就是束带围势压力太大而束缚胸腔所致。从卫生学角度来看,长时间过紧束压会影响心肺与呼吸功能,对发育也不利。在此提出了压力适度问题,简单的方法是采用高弹材料,并在背部的扣祥上增加松紧调节档。

其三,罩杯的覆盖面积应按乳房不同形态设计,而且在年龄段上有划分,因为女性不同年龄段的乳房高低位置、松紧程度不一样,青年女性应托举与覆盖并重,老年女性偏向托举,少女偏向覆盖。

其四,胸罩材料要力求与皮肤亲和,具有吸汗、排汗、透气性能,而不是只求花边装饰的花俏,要知道美丽的花边大都选用有不良触感的化纤材料。

其五,胸罩的功能性开发,如卫生保健、健胸丰乳等。例如,罩杯夹层含有液状晶珠,可以通过人体运动引发振荡、摩擦而刺激乳房机能,产生按摩保健作用。

思考与实践:
基于胸部结构与体表观察的设计解析

■ **案例一　胸衣在人体工程学中的设计弊端**

女性的胸部曲线流畅,起伏有致,是设计师设计服装时,着力表现的部位之一。在泳衣的设计中,虽然泳衣与内衣都是将胸部的半球体用面料覆盖使之全贴合身体,但从人体工程学角度来说,内衣因为要起到支托胸部的作用而不得不采用了一些有硬度的材料,所以在舒适度上不如泳衣。而在时装设计中对胸部的表现形式就更丰富了。但值得注意的是,在以乳点为中心半径8厘米的区域是不能袒露或者加以复杂装饰的。第一,此区域是人体的敏感区域,设计中应确保此区域的圆润平滑,不应加入过多装饰物尤其是尖锐的饰物;第二,此区域过多的袒露,在没有肩带悬吊的情况下服装会失去原本的支撑力而下滑,不雅观。

当然,有对胸部的突出设计就有对胸部的回避设计。有的款式在设计上刻意回避了胸部的曲线,通常是利用宽松的上装、褶皱或荷叶边来完成,此类服装因为忽略了身体上半部分的起伏而显得随意休闲,一般的隆重场合少有此类礼服设计。

(实践人:刘思婕)

■ 案例二 中国内衣文化与设计造型

在中国的文化传承中,内衣文化似乎是不可或缺的重要成分。这也足以说明内衣的发展在人类进程中的重要作用。

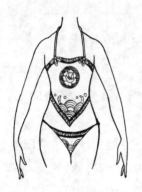

图3-3-18 中国古代内衣主要结构形态

汉代以前,称为"亵衣"。"亵"意为轻薄不庄重。

汉代:"抱腹""心衣"。背部袒露无后片。

唐:称为"珂子",肩部缀有带子,面料为"织成",挺括有弹性。

宋:"抹胸",整个胸腹全被掩住,有单有夹。

元:称"合欢襟",由后向前系带为其主要特点。

明:"主腰",外形与背心相似,有明显收腰。

清:"肚兜",一般成菱形,材质以棉、丝绸居多,红色为其常用颜色。

(实践人:聂晶)

■ 案例三 现代各功能款式的胸衣与材质分析

胸衣文化发展至今,不仅演化出了各种不同的功能款式,而对其质地与材料也作了不断的探新与研发。

不同的款式诸如:哺乳胸罩,这是21世纪一种特殊的孕哺内衣。这种文胸的罩杯上有扇"小门",可以随时打开,它的优点是:①解决了哺乳问题,同时保持美观;②保持了乳房的清洁;③避免出现尴尬场面,方便使用。这是妈妈们专用的胸罩,也是人性化的体贴设计。肚兜,传统的内衣样式,仅仅一片布就能塑造体形,但是却要符合人体工程学颈、腰、胸的三大线条,帖服于人体。肚兜,如今也成为了一种复古文化的再流行。前扣式无带胸罩,不仅能使双峰更加集中前挺，而且使穿着更便捷、易扣，适合多种服饰的穿戴，因此，在现代社会中，更符合女性的着装要求，更具人性化设计。

然而，在胸衣的材质上，也更具科学的技术含量：

现代的胸罩质地多为纯棉，如此一来，贴身穿戴舒适自然、吸汗性强、透气性好，天然的质地也更有利于人体的健康卫生。而在此基础上也有不少创新设计。诸如，在表布的设计上，进口的花纱 Leaver Lace 具有漆具光泽的质地，又具弹性，给人以未来感；杜邦公司的 Lycra Soft 材质，触感柔软，用于边布设计，十分合适。而另一种橡胶质地的胸衣，虽不如纯棉舒适，但更帖服人体，方便，更具隐藏效果，不必担心带子侧滑，也没有难看的带外露，天然的橡胶成分也具环保性，成为另一种受欢迎的胸衣材质。

（实践人：徐小婕）

四、腹部

腹部是服装设计与制作中腰身的基准，在基准点的上下移动、曲直变化、松紧定位产生服装腰部的千变万化。

腹部的位置在胸廓以下、耻骨以上（除腰椎之外）的无骨部位（图3-3-16）。截面形态为椭圆形（图3-3-17），其中的虚线为腹部截面形态，实线为臀部截面形态，腹背部中间有凹陷状。

腹部的横切断周径有差异，一般在胸腰点上最小（图3-3-19b），髋骨外侧点最大，但椭圆形状不变。正因腹部上下之间有不同的截面存在，允许服装腰线上下游离而产生不同风格的形态造型。上至乳房下缘，下至髋骨上端，腰际线以上的为高掐腰式，腰际线以下的为低掐腰式。例如，女裙（裤）的"露脐式"就是腰线下移，由髋骨外端来充当支点，最大限度地显示腹部本来形态。

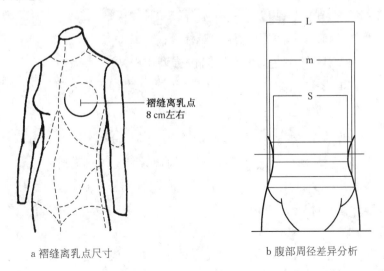

a 褶缝离乳点尺寸　　　　　　　b 腹部周径差异分析

图 3-3-19　胸、腹部结构分析

服装设计中腹部处理比较自由,自由的前提是腹部与上下肢运动不是直接发生牵连,胸腔与臀部作了缓冲。设计所顾及的重点是:以腹部截面最小处(亦称腰际线)为基准,对下装(裙、裤)有悬挂价值即可,对称与不对称、上移与下滑、侧部抽褶与后腹抽褶均可,视与其他整体造型协调而言(图3-3-20)。

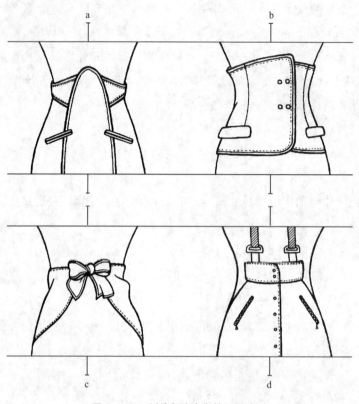

图 3-3-20　以腹部为中心的不同造型

a. 再现腹部形态,保持腹部形态完整,中置线求对称;

b. 均衡式形态分割,同形不同量,回避对称线;

c. 将腹部作为设计中心,使视点集中于此,强调作用;

d. 改变腹部截面形态,使之平面化、俏皮化,而求青春律动的外观效应。

五、背部

背部位置从第七颈椎棘突至骶骨,形态丰满的背大肌覆盖在肩胛骨上。正因肩胛骨的位置及其在上举运动中改变着人体形态的作用,专门列出作一评价,避免设计在静态状态时背部形态合理,而动作状态下失调。

以成年女子上肢上举时背部体表变化为例(图3-3-21)[7],当上肢上举运动时,腋窝点水平位置 d 线在上举时有 6 cm 的变化,促使衣袖尺寸要加放运动余量,图3-3-22是考虑背部运动量的原型结构图。表3-3-1为右上肢运动时背部变化。

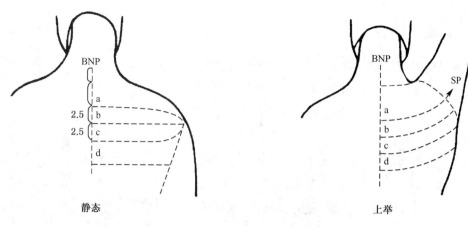

静态　　　　　　　　　　　　　　　　　　上举

图 3-3-21　因上肢上举而引起的背部形态变化

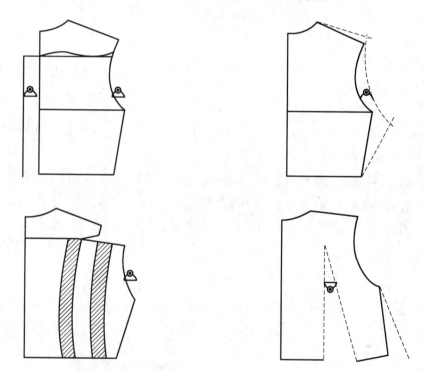

图 3-3-22　在原型图中的背部放量目的是便利上肢运动

表 3-3-1　右上肢运动时背部长度变化

单位:cm

序　号	运　动　内　容		
	下垂	水平前举	180°上举
a	18.3	+0.2	−1.8
b	17.5	+1.8	+0.7
c	17.8	+1.7	+1.7
d	17.0	+3.3	+6.0

六、臀部与下肢部

将臀部与下肢部结合在一起观察，是因为这两个部位在服装设计中（尤其是裙、裤类）一般都不会分开考虑，臀部与下肢在结构形态与运动结构上总是互相牵连而共同作用的（图3-3-23）。

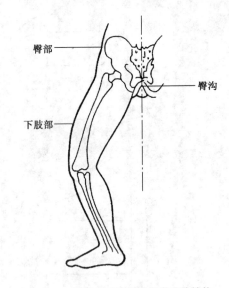

图 3-3-23　臀部与下肢部互相牵连的结构

臀部位置在腰际以下，下肢以上，臀大肌的作用使臀部呈膨隆状态；下肢由髋关节及膝关节外伸、内收、上提、下曲等动作而产生丰富的运动姿态，人体常见的前屈、坐立都是臀部股关节的作用。

由于这两个部分形态、运动、关节活动量错综复杂，相互交叉影响，服装造型必须以两方面为基准：其一是把握臀峰处的矢状面高低之差；其二是膝关节涉及的大小腿之间形态转换。

把握臀峰处的矢状面高低之差是裤型中修形（亦称"塑形"）结构是否舒适得体，又不妨碍运动及使生殖器官处于卫生状态的关键。图3-3-24为臀部纵、横剖断体型形态，可清晰地看出纵切断面呈不同的高低差，它要求设计师关注后裤片臀沟的形态与着装者形态的吻合，否则裤子不是紧绷就是松垮。一般来说，臀沟表现清晰能给人下肢修长的感觉，并显得性别特征明显。

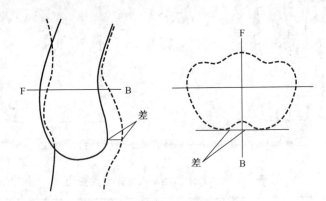

图 3-3-24　臀部纵、横剖断体表形态

图3-3-25是下肢部膝盖处的活动范围，关注这个部分的目的是女裙下摆部分的摆势（摆量）要符合人体要求，裙摆的大小与裙的长短直接关系到膝部的运动。裙子越长，下摆越大；裙长在膝上，下摆在设计上可自由发挥；常见的下摆处开衩也是协调下肢部运动的手段之一。

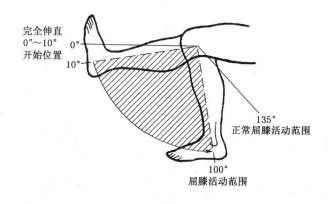

完全伸直
0°~10°
开始位置

0°

10°

135°
正常屈膝活动范围

100°
屈膝活动范围

a

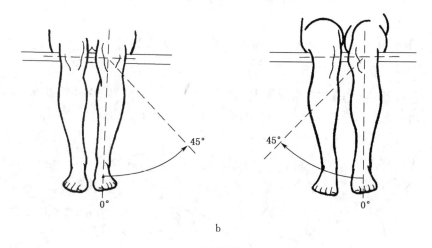

45°

0°

45°

0°

b

图 3-3-25　下肢部膝盖活动范围分析

思考与实践：

基于腹、臀部结构与体表观察的设计解析

■ 案例一　腰腹部在服装设计中的整体剖析

　　腰腹部和臀部在服装设计中相较胸部和肩颈部似乎显得不那么出彩,但是,在人体工程学看来,这两个部位的设计却起着举足轻重的作用。

　　首先,腰部连接着上下躯干,并能作出前曲、后曲等复杂动作,因此,如何使其在运动中不受服装的制约是人体工程学要解决的问题;其次,人体的大部分内脏器官集中于此,所以在服装的安全性上也应加强考虑,不能过分使其受压。

　　然而,在实际运用中,多采用人体腰围本身的周长来制作衣服以突出腰部的纤细感和整体的节奏感,也有部分采用放松腰部的设计,这样的服装舒适度颇高,但胖人不适合,因为不收腰的款式在视觉上更益横向扩张,臀部的应用上,也有紧身和宽松两种趋向,贴合的臀部设计能营造修长感与女性的曲线美；宽松的臀部设计则更广泛用于生活着装的休闲、舒适的现代着装理念。

（实践人：刘思婕）

■ 案例二　西方腰部紧身衣发展与人体工程学理念分析

西方腰部紧身衣设计由来已久。从早期的束腰带到之后紧身衣的设计发展，其目的无非是展露女性的身材曲线，塑造体形。

早期常见的束身衣，其不足之处是由于设计得太紧，不宜呼吸，使穿着者感到难受，不符合人体工程学的基本原则。

18世纪早期出现的丝绸绣花紧身胸衣，这种刺绣软缎里用亚麻来做衬里，是一种具有良好透气性，适合贴身穿的环保面料（图3-3-26）。

大约从1840年开始流行的白色棉布紧胸衣的胸部处有三角形的衬垫作依托，后部中央用带子系住，有调节收放的功效。

提花纹布缝针技术在胸衣上的使用，使臀部以上都勾勒出了花卉造型，并形成了不规则的凹凸造型，使得当时女性内衣更具美感与艺术性。

19世纪80年代，美国等西方国家开始流行用骨制的胸衣内省，为丁型内衣，前片中央使用钩状纽扣，背部用带子系住，上边缘用蕾丝装饰，多为白色（图3-3-27）。

图3-3-26　紧身胸衣　　　　　　　　　　图3-3-27　传统型内衣

当时，除了传统的白色棉布紧身胸衣外，还有黑丝绸的缎面内衣，蕾丝装饰的钉珠内衣等；除了传统型之外，亦流行丁字内衣、半截身内衣及裙摆式内衣等（图3-3-28）。

从西方的束身型内衣的发展，可以看出，女性的腰臀比例及胸的美型都有着一种衡定的审美评判。而胸衣也从早期与人体工程学相违背的情形下，发展为在面料、型体及适宜部都相对符合现代规定的合理型束身内衣（图3-3-29）。

图 3-3-28　有胸托的束身衣

图 3-3-29　多种样式的束身内衣

（实践人：徐小婕）

七、上肢部

　　上肢指肩关节以远的部分，与躯干部连接。上肢部是人体肢体中最灵活的部分，能通过肩、肘、腕关节产生多种运动形态。上肢部分分为上臂、前臂与手三部分。上肢部位的肘关节与膝关节正好相反，只能前屈，不可后屈，在静态状况下垂臂时，肘部向前微弯（图 3-3-30，根据成年女子测定），肘关节屈伸活动范围为 150°（图 3-3-31）；肩关节伸展活动度约为向后 60°、向右 75°（图 3-3-32）。可见，肩关节与肘关节相互运动能产生丰富的形态。

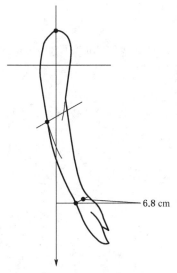

图 3-3-30　上肢部静态下垂形态分析

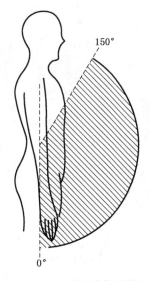

图 3-3-31　肘关节伸屈范围

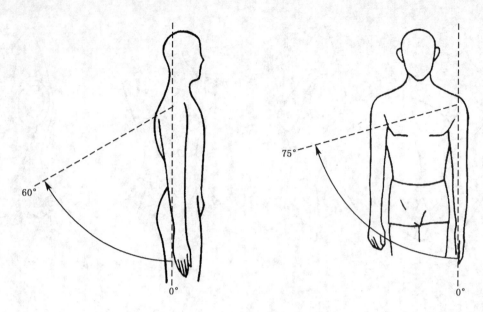

图 3-3-32　肩关节伸展活动范围

服装设计中对上肢部的处理,主要是袖型必须与上肢结构、运动相匹配。

第一,袖山头与腋窝形成的袖窿空间量,应以标准型号推档数据为基准来参考,不能只顾设计造型的艺术、新奇。

第二,上肢具有的方向性,要求袖片形态尽量与之对应,"大小袖"的分割能理想地体现上肢形态,"单片袖"就显得笼统概括,当然单片袖式作为随意性的休闲风格也是成立的。

第三,腋下部位不能厚重,当上肢自然下垂时,上臂部分要贴近躯干,否则有劳累与不适感,不符合服装卫生要求。

图 3-3-33a, b, c 是三种截然不同的造型,它们与上肢部匹配的部分也各不相同。

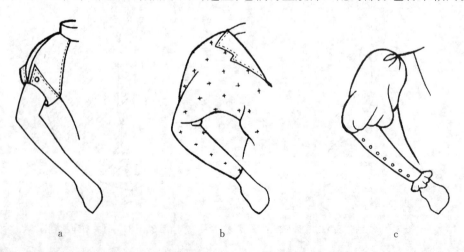

图 3-3-33　上肢部体表形态与服装袖式的关系

a. 肘部充分自由,袖山与袖窿适中;

b. 回避肩、肘关节,直接以肩头点与腰侧相连,硕大的空间量,夸大袖窿形态;

c. 将上臂与前臂巧妙分开,上臂与前臂形态也富于变化,上臂宽松适应运动与造型,前臂筒形具有对比性。成为经典袖式的原因,在于人体运动结构与造型形态相得益彰,两者既浑然一体,又各具特性。

第四节　服装三维形态与人体空间表现

服装是由含有明确目的而经过平面或立体剪切,借用面料手段来覆盖人体的。从不同体型的形态,到每个形态各部位上下、左右、前后关联的运动与结构,服装与人体之间的匹配合理性,依靠三维形态的绩效来检验。

根据服装造型立体空间形态规律,一方面从服装造型的长度、宽度、深度这三个方向入手;另一方面要求这三个方向要与人体正侧、前后、厚薄、大小、曲直、凹凸等方向位置配合,如果只考虑单纯的长度与宽度,又忽略三维的空间形态,会使设计的服装缺乏体积感与生命力。

服装三维形态与人体空间关系,体现在三个方面:一体感表现、量感表现、生命力表现。

一、一体感表现

人体体表各部的标准差及圆周率均有差异,服装空间造型需排除体表各部位对于造型来说冗余的部分。一体感表现通过局部形态三维几何形、整体形态的呼应和谐来完成。

三维几何形的塑造,既概括地表现了人体形态特征及结构,又合乎造型艺术多角度构成形象整体化法则的要求(图3-4-1)。

a 立方体──→腹部(将运动多变的部分置于一个概括的三维形态中);

b,c,d 球形、椭圆、金字塔形──→肩部(袖山讲究形态与袖窿服务于运动的结合);

e 环形──→腰部(箍的作用);

f 锥形──→臀部与下肢部(强调艺术形态与运动量);

g,h 钟形、喇叭形──→臀部与下肢部(同上);

i 灯笼形──→上臂部(仅作造型艺术效果处理);

j 沙漏形──→女性躯干部(女性体侧形态与上下节奏变化的结合);

k 箱形──→躯干部(将躯干与上肢部认同为一个整体块面);

l 管状或圆状筒形──→下肢部、前臂部(再现形体)。

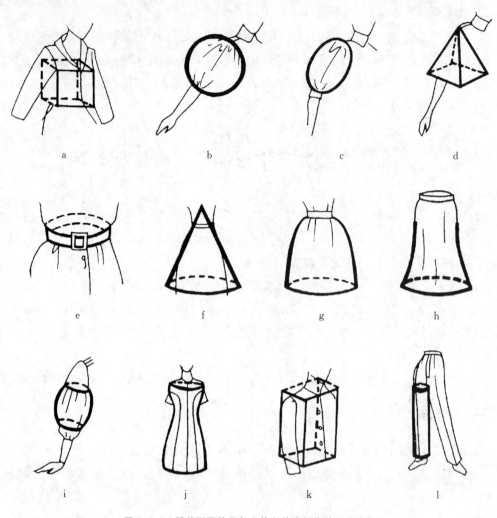

图 3-4-1　服装不同体量与人体各体表部位的匹配分析

二、量感表现

量,指物理的量——体积或数量。量感指心理的量,而不仅指实际体量大小,是一种心理感受。心理的量感表现出的是形态的力度、重量和结实感,通过形态的气韵和精神,构成一种份量来作用于人的视觉。

服装三维形态的量感价值,比一般空间造型更具象、更实用。例如,躯干部体量大,但造型处理上不合乎形态特征,或者不适合运动要求,就会让人感觉缺乏力度与结实感,再怎么增设花边或缀线都无济于事,反之,颈部体积虽小,但服装的造型结构如能简洁概括而合乎颈部生理形态与运动性质,就显得严谨洗炼而富有结实的量感。

影响服装三维形态的心理量涉及到其他因素,除空间形态处理之外,还有材质、色彩、环境,以及观赏者的心境等。

三、生命力的表现

如果说"一体感"与"量感"是服装三维形态表现人体空间的形式价值,而关注空间形态的生命力表现具有深层意义。

服装空间造型之所以要表现生命力,因为设计师营造的对象不应是面料的堆砌,而应有直接对人体生命再度创造的责任。例如,生活中某人肌肉松弛、身材矮胖,让人感到他是一位形体条件欠缺的人,而通过服装三维中强调块面富有男性力量感的几何式线条修饰,能给人健美、修长的外观,让人感到他是富有精神、充满活力的人。

任何一种有生命的服装空间形式,都应该给人一股由内向外的力量与生生不息的感受,这种感受类似于雕塑带来的影响。服装造型空间除了三维形态内容,也能通过这些内容传达对人体生命再度创造的感情。例如,服装空间结构上的不对称处置,使对称的人体形态富有外张力,以均衡的等量不等形来显示力量美;服装空间表层上的装饰,像花草树木、动植物纹样来直观表示与生命的亲和;强化性别特征,通过男、女不同性别的形体揭示、外化,显现异性间的性别魅力,而唤起两性间的敬慕。

服装三维形态与人体空间的关系,在统一与变化中实现。统一在形态与空间量的一致,变化在服装三维形态比固有人体形态空间更有造型价值与美学意义。图 3-4-2 是被称为"雕塑式的胸衣",将女性躯干形态作强化处理,洗炼概括并渗入艺术化的蝶形创意,在人体与造型、造型与空间、造型与材质、材质与工艺等和谐的关系中达到最佳境界[*]。

图 3-4-2　雕塑式的胸衣

---

　* 三宅一生(Issey Miyake)在 1984 年创作的作品,现被收藏于英国维多利亚阿伯特博物馆。

图 3-4-3 是"沙漏型"女装造型线,既揭示女性形体特征,又表现出由起伏曲线构成的优雅轮廓,将两个圆锥体倒置(左)与叠加(右),在一体感中含有对应,在对应中保持一体感的量度,是服装三维形态与人体空间巧妙浑然的经典①。

图 3-4-3   以服装造型线来展示女性体表特征,在两者间作对应与强化的处理

思考与实践:

基于人体工程学理念与体表观察的思考与设计

■ **案例一   电工工作服的设计优化**

目前电工工作服款型比较单一,颜色也较为暗沉,且功能口袋的划分不够仔细,大大削弱了服装的功能性与实用性。服装尺寸都比较肥大,使体态显得非常臃肿。

基于上述这些不合理处,对电工工作服做了设计优化,使其功能性与实用性得到最大程度的提升。下摆部分由固定量改为可收缩型腰带的设计,可根据自身需要调节松紧。同时,由于工作时大幅度动作引起的服装的拉扯感与不适,特地在手肘、膝盖处加上暗褶,以达到增加手臂、腿部的活动量的目的。

胸前由原来的两个口袋增加到四个,可放入工人所需的记事本或单子等,口袋边缘处

---

①   拉戈弗尔德(lagerfeld karl)在 1986 年设计的"沙漏"型女装。

的环状口可供工人插笔。裤子两侧也装有两个大口袋,方便携带工具。门襟处纽扣改为暗门襟与搭扣的设计,便于穿着。袋口和领口加上滚边使衣服看起来更美观和精细。

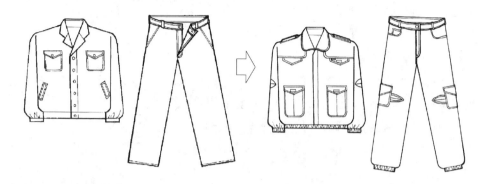

图 3-4-4

袖口和裤口采用收紧的设计以免妨碍工人工作。

（实践人：戴琳）

■案例二 秋冬婴儿装的设计优化

目前国内多数婴儿装的设计款式为:领子到脚踝整体前开扣。原因是为了方便给婴儿替换纸尿裤。但是这一设计无法避免婴儿拉扯纽扣进而吞食的安全隐患。

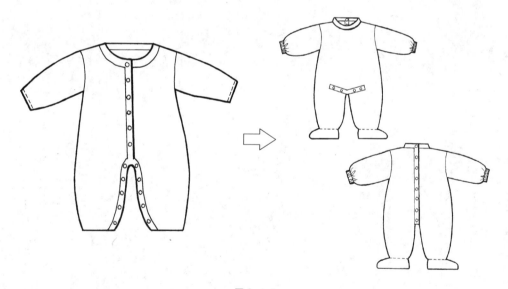

图 3-4-5

在对这一现象进行重新思考,裆部按扣的重新设计避免了婴儿撤下纽扣吞食的安全隐患,同时亦可为婴儿替换纸尿裤。袖口采用罗纹设计,可防风保暖,保护婴儿细腻的皮肤。连裤袜的设计省去了穿袜子的麻烦,也提升了保暖作用。

背后开扣的设计方便衣服的脱卸,同时也可避免安全隐患。

（实践人：顾聿惟）

【思考题】

1. 为什么说服装是与人体相互作用的一个系统?

2. 体型有哪几大类,服装设计师应如何考虑设计与之匹配?

3. 分别阐述人体颈部与女性胸部的生理结构。

4. 如何关注颈部形态"后高前低、后平前曲"在服装设计中的制约?

5. 服装设计中有哪些手段能充分塑造出女性的胸部形态?

6. 服装的三维形态与人体空间表现有哪三大内容?

第四章
服装作用与人体生理系统

人体形态、运动机构与服装造型关系作用于服装设计与人体体表的匹配,而服装作用中的舒适卫生是服务于人体生理系统与服装的协调,前者以形态表象为目标,后者以内在机能为对象。本章将对服装作用与人体生理系统的关系作阐述。

服装既然作为身体的外延,也就同样有了人体生理作用的限定,任何阻碍、抑制人体生理系统要求的服装内容,应控制在一定尺度之内,超越了一定尺度,服装就失去价值。现今服装行为中,服装与生理系统缺乏和谐的现象比比皆是。例如,裤腰部因腰口压力太大,而在解除压力后,此部位皮肤出现皱折与搔痒感;衣服太重而使着装者感到劳累与不便;儿童皮肤因化纤服装材料刺激而产生过敏;人运动后的热量因环境关系未通过内衣排除,而使汗水在皮肤上流淌,一旦运动终止(未经洗浴或更衣),内衣就成了诱发感冒等疾病的媒介物。

随着服装科学与艺术的进步,人们已不仅仅满足于对服装的拥有,而是更追求科学的使用,在美观的基础上,结合健康因素的考虑。

服装满足人体生理作用的舒适,在于服装对人体的适度,适度的内容为厚薄、轻重、冷热、排汗与吸汗、透气与封闭等方面。舒适建立在卫生的前提下,服装卫生保障人体受服装作用后的舒适,包括具有良好的气候调节性、保护并协调生理系统、适合身体运动等。例如,要使夏装达到自然通风换气的卫生要求,必须使服装内部(与皮肤之间)通风换气良好,在服装与人体体表之间保持 1.2～2.5 cm 的空间,而使空气对流呈"烟囱效应",尽量回避设计上的束带、系扎、抽褶。要求设计师尽量关注服装造型与人体生理内容的匹配性。

第一节　人体与服装穿着量

服装穿着量,指人体穿着服装的厚薄与多少。人体为适应外界环境条件,适当穿衣能形成舒适的体表气候,有助于体温的调节。需要穿多少件、是厚是薄,不是按设计师单纯的美学要求或着装者的好恶决定的,而应按环境条件、气温、湿度、风速等客观状态和年龄、性别、体质、营养状态、运动情况等人体即时条件而合理穿着。例如,一件衬衣在不同情况下的穿着量评价(表4-1-1)。

表 4-1-1　一件衬衣在不同情况下穿着量评价

环 境、温 度、天气、风速等	年 龄、体 质、营养状态	运动状况	穿着量评价	
			合适原因	不合适原因
空旷地，10℃，阴，4级风	25 岁，健壮，发育良好	静坐一小时	—	体内产热量仅 168 kJ，冷感明显，气温低
同上	同上	急走一小时	体内产热量达 1 680 kJ，热能足以补充衣量不足	—
室　内，8℃，阴雨	40 岁，体弱，营养一般	睡眠	—	气温低，体内产热量仅 168 kJ 左右，体质弱耐寒性差
室内，25℃晴	同上	同上	气温弥补其它不利因素	—

注:(1) 全棉砂洗面料。
　　(2) 仅指成年男性。
　　(3) 表中有"〜〜"标志,为合适的室温。

根据表 4-1-1 可见,服装穿着量在同等条件下,运动量起着调节体温与服装穿着量的重要作用。

至于穿着服装的厚、薄问题,褒贬不一。一般认为穿着"薄"比"厚"好,原因是少穿衣服能增加人体对寒冷的抵抗力,通过气候刺激来锻炼体质;而穿得厚会使人体躯干形成高温、高湿的衣服气候,而使体热散发不足妨碍新陈代谢。从服装人体工程的界面关系来看,穿着厚、薄主要与体热产生量有关,体热产生量涉及到衣服里的皮肤温度、气流、服装内温度等内容。

皮肤温度受服装量的支配,根据测试表明,穿三件套(衬衣、西装、西裤)在 15℃无风环境下,如脱掉上装,躯干部皮肤温度会下降 1℃左右。服装的多少(层数)与皮肤温度有直接的关系,服装密度越高,对人体与环境温度的隔绝也就越大,从而使皮肤温度上升(体热散发受阻)。服装密度高,限制了服装内部气流的对流,每多一层服装,服装内气流要减少一半左右。另外,在一定规格的穿着量上(指气温与服装静止状态匹配),人体处于运动状况时,服装最内层的温度也会上升,上升的指数受运动量的支配,一般薄型服装比厚型服装低一半左右。

另外,服装的保温与服装重量成比例,气温高的夏季(8 月份)服装重量最轻,服装的重量与影响穿衣服的气温高低关系密切。

男性:7、8、9 月份,气温在 30℃上下,服装重量约在 0.8 kg 左右;5、6、10 月份,气温在 20℃以下,服装重量约在 1.5 kg 左右;4、11 月份,气温在 10℃以下,服装重量约在 2 kg 左右;1、2、3、12 月份,气温在 5℃上下,服装重量约在 2.5 kg 左右。

女性:7、8、9 月份,气温在 30℃上下,服装重量约在 1 kg 左右;5、6、10 月份,气温在 20℃上下,服装重量约在 1.2 kg 左右;4、11 月份,气温在 10℃上下,服装重量约在 1.5〜2 kg 左右;1、2、3、12 月份,气温在 5℃上下,服装重量约在 2 kg 左右。

在不同气温的季节段中,服装重量与之基本呼应,女性在穿着重量上次于男性。

第二节　人体与服装微气候的生理效应

所谓微气候,指在特定空间范围内温度、湿度、气流速度(风)等气候因素的综合。人体总是持续不断地与外界环境进行热量交换,以便保持体温恒定来获得生存的可能,人体内产生的热量与外界所得的热量之间保持平衡,服装在此起着不可低估的作用。平衡的优劣体现服装微气候调节的效绩。

在外界环境气候冷热变化时,人体为了维持体温,一方面是进行生理调节,即依靠自身的体温调节能力;另一方面进行行为调节,即通过服装增减调节。

人体温度的生理调节,指人体产热、向外界散发热量或吸收热量以实现人体热平衡的过程。它主要通过人体温度调节中枢与温度感受器来完成,体温调节中枢包括脑下丘及脊髓中的神经节,它受大脑皮层的活动制约,最后通过体温调节效应器心血管、汗腺、肌肉系统来实现。

人体的生理调节及与温度的适应是有一定限度的,服装设计师必须了解它的限度,更好地用服装来服务于人体对冷、热环境的适应。

温度过低或在寒冷环境下暴露时间过长,都会对肌体产生冻痛、冻伤、冻僵的现象;温度过高会导致肌体病理性变化,如大量出汗、血量减少、虚脱等现象。表 4-2-1 和表 4-2-2 为不同相当温度下手指和脚冻结所需时间,不同体温时人体出现的症状,可作为参考[1]。

表 4-2-1　在不同相当温度下手指与脚冻结所需时间

相当温度(℃)	裸露足趾冻结所需时间(min)	戴绒手套手指冻结所需时间(min)	穿防寒鞋脚趾冻结所需时间(min)	评　价
-20	12	>30	>120	肢端部位最容易在寒冷中冻伤,它的防护至关重要
-25	10	>30	>120	
-30	8	30~20	120~90	
-35	7	30~20	120~90	
-40	6	30~20	120~90	
-45	5	30~20	120~90	
-50	4	20~10	90~70	

相当温度指在冷环境有风时寒冷程度相当于无风时的某一温度的环境气温寒冷程度。

计算公式为:相当温度(℃) = 环境气温(℃) + $\dfrac{环境气温(℃) - 36}{10}$ × 风速(m/s)

表 4-2-2　不同体温时人体出现的症状

体温(℃)	症　状
41～44	死亡
41～42	虚脱
39～40	大量出汗,血量减少,血液循环不畅
37	正常
35	大脑活动过程受阻、发抖
34	神志失常
27～25	心跳停止、死亡

　　人体温度的行为调节,以通过服装活动等行为调节方式来主观、能动地调节人体温度。例如,当人感到寒冷时,增添衣服保持热平衡是首选行为(至于借助于空调等人工气温调节,不在论述之中)。研究服装的温度效应,以服装隔热值来衡量,服装隔热值的单位是克洛(clo)。克洛值是服装材料的保暖值单位。在标准室内环境中,即气温为21℃,相对湿度低于50%,气流速度低于10 cm/s,人体在安静状态下感到舒适;而且平均皮肤温度能够维持在33℃时,其所穿服装的保暖值定义为1 clo,即1个保暖单位。克洛值以下列公式计算:

$$I = \frac{5.55 \text{ As}(ts - ta)}{Qg} - Ia$$

　　公式中,I是克洛值;5.55是热阻与隔热值的变换常数;As为人体皮肤面积(m^2);ts为平均皮肤温度;ta为环境气温(℃);Qg为通过服装的导热量(J/s);Ia是边界空气的隔热值(若风速不超过0.1 m/s时,Ia为0.80～0.85 clo)。1 clo约为5.17℃ m^2 s/J,相当于人体静坐或轻微体力活动,室温为21℃,相对湿度为50%(或小于50%)和风速小于0.1 m/s条件下感到舒适时的服装隔热值[1]。

　　根据实验(陈镜琼等,1985年)表明,衣着的数量会对人体的舒适感产生直接影响,在夏季空调条件下,人体感觉舒适时的着衣量为0.5 clo左右,平均皮肤温度为32.2℃;冬季同样条件下,着衣量为1.5 clo左右,平均皮肤温度为31.1℃。

　　人体不同部位及服装结构不同,所要求的服装克洛值也不一样(表4-2-3)。

表 4-2-3　在不同冷环境中维持人体热平衡各部位服装的隔热值

气温(℃)	隔热值(clo)					
	头	躯干	臂	腿	手	足
-1～-2	1.50	5.16	3.23	3.74	0.89	1.23
-6～-8	2.60	6.28	4.64	4.63	1.60	1.74

　　从表4-2-3可以看出,维持人体热平衡各部位服装隔热值以躯干部最大,手足部位最

小,这是由人体生理特征决定的,服装隔热值的价值也就体现于此。

对于服装设计师来说,不是要将服装隔热值指标分析得多么详尽准确,而是保证怎样通过服装隔热值来使人体处于一种舒适的温度之中。舒适性温度产生的基本条件,是服装参与人体热平衡[1]——人体与外界环境之间的热平衡。根据资料表明,50%~70%的受试者,感觉舒适的温度带为17.2~21.7℃;有98%的受试者,感觉舒适的温度为18.2~18.9℃;在没有出汗的条件下,大多数人感觉舒适时的平均皮肤温度为31.5~34.5℃。

日本水梨氏关于服装组合与防暑防寒效果的试验,得出服装与服装气候的关系,以静止与步行状态为基准。

静止状态时,夏季防暑避免穿多层数服装,连衣裙最有凉爽感;冬季内衣与外衣的比为3∶1时,保温效果最佳。

步行状态时,容易出汗的衣服重量比例是上衣3、下衣1,运动时人体产生的热量,多数通过服装颈部开口部位来散热,因而运动服装的颈(领)部不宜封闭,以免蒸发出现障碍。另外,服装重量要平均,上装分量轻才便于服装内空气流通不受阻碍,使躯干热平衡得以实现。

服装与生理学温度调节中,设计师有意识和有目的地进行人体与服装穿着的自动作用调节也很重要。例如,服装要有多种用途来起热交换作用,茄克衫既有夹层,也能卸去夹层作单衣;门襟与袖口、下摆既可束紧,也可打开;领式既可全封闭,也可翻祖。这样,一件服装能适合不同季节、气温、体热蒸发,达到服装造型与生理学调节的最佳绩效。

设计师对不同类型服装的内空气层、温度及湿度也要关注,因为它关系到环境温、湿度对服装类别提出的要求。例如,用同一种材料制作成不同类型(款式)的连衣裙、西服套装、和服等几种服装。实验表明(稻桓氏[日]),穿同样材料不同款式的服装,其服装内空气层温、湿度均有差异,而且在人体不同部位的差异也不一样(表4-2-4),连衣体式的服装内温度最高;在躯干部无论哪种式样的服装都在50±10%的正常范围之内。所以,夏日女性的服装下肢部式样以大裙摆或短裙(裤)为宜,尽量回避紧身牛仔裤。

表4-2-4　不同服装种类的内空气层温度(℃)和湿度(%)
(静止坐势时)

部位	款式 温、湿度	连衣裙	西服套装	和服
胸	服装内温度	32.3	30.4	29.5
	服装内湿度	49.3	49.3	59.7
腹	服装内温度	33.2	31.6	30.7
	服装内湿度	49.3	49.0	63.7

---

[1]　人体与外界环境之间的热交换方程,公式为:$S = m \pm C \pm R - E$。m代表人体代谢产生的热量;C代表空气对流产生的人体散(吸)热量;R代表辐射散(吸)热量;E为蒸发散热量;S为人体蓄热状态。

部位 温、湿度 款式	连衣裙	西服套装	和服
背　服装内温度	31.3	28.9	28.3
背　服装内湿度	43.3	48.0	49.0
大腿　服装内温度	27.1	23.2	22.9
大腿　服装内湿度	<u>70.7</u>	<u>62.0</u>	<u>58.7</u>
膝下　服装内温度	24.2	23.4	21.7

(有"～～"表示服装款式与人体结合后内湿度最大值)

第三节　人体与服装压力

服装压力,指服装作用于人体体表的力度。一般来说,服装造型设计师对人体与服装压力关系忽略不计,因为它对于造型艺术的效果没有直接的联系,仅是服装人体卫生学关注的问题。然而,本着让"服装适应人",而不是人去适合服装的前提,要求设计师在创意及体现服装造型中顾及它的运用价值,生活艺术类的行为只有以科学知识作保障,才能在体现中更趋合理。例如,用透明尼龙丝制作的女夏装,可能在展现性感的创意方面比较成功,但这类面料由于缺乏一定的重量要求,它与人体很难产生压力关系,显得飘散而没有悬垂势态,更谈不上勾勒女性形体线条,同时,这类面料与皮肤缺乏亲和力,吸湿透气差,而不合乎内衣(夏装)的卫生要求。再如,厚重并带夹层的帆布上装,风格上可能粗犷而富有男性刚烈感,但由于过分厚重(加上长时间穿着)而压迫双肩与胸部,压力超过服装压力的允许值,而使人穿着后倍感劳累。以上两例可以看出,服装压力过小或过大均不合乎人体生理要求,即使为了达到美化的目的而必须加压(或减压)不可,也要巧妙布局,并考虑压迫时对人体影响的程度。

服装压力在人体不同部位反映不一,它还涉及到服装重量、式样、服装材料、服装工艺处理等关联因素。

一、款式对人体各部位压力的影响

人体因季节、服装款式、材料等因素的不同,所受的压力不尽相同,如冬季大于夏季、男装大于女装、外套大于内衣、悬吊大于裹缠、机织材料大于针织材料、夹层结构大于单层结构。通过对女子直立着装时(着普遍套装),身体各部位承受压力的测试,受压主要部位是肩部、腰侧(腹)部,柔软而伸缩力大的部位没有附加异常压力,冬季压力数值大于其他季节(表4-3-1)。

表 4-3-1　身体各部位的服装压力测试[4]　　　　　　　　单位: mN

月份\部位	肩部	乳房部	腹脐部	侧腹部	肩胛骨间	肩胛骨下
12	200	50	150	160	10	30
1	190	50	120	120	20	40
2	160	50	140	160	20	40

(肩部压力冬季为 180 mN 左右,春秋 130 mN 左右,夏季为 40 mN)

　　服装对人体各部位压力,主要体现在服装款式与材料方面,也是服装设计师需关注的内容。体现在服装款式方面,指不同结构的款式导致人体不同部位分担的压力不同,图 4-3-1a, b, c, d 分别显示了压力承担的情况(有箭头处为压力支点):

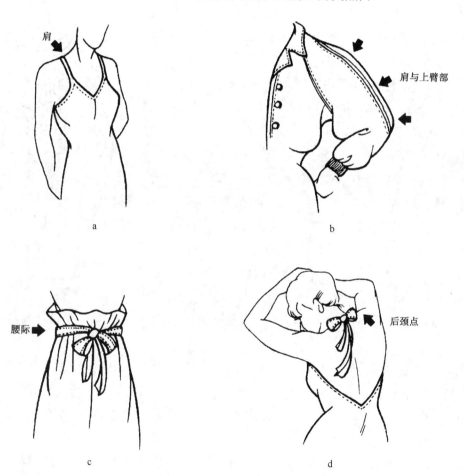

图 4-3-1　不同款式与人体各部位的压力承受情况

　　a. 主要压力在肩胛骨间。在肩部斜方肌与三角肌交界处有凹陷势态,正是服装给予人体压力的最佳部位。

b. 套袖结构使压力在肩、臂部呈分散状态,肩头点与肘、腕共同分担服装压力。

c. 压力点在凹陷的腰(腹)侧,它的压力承受力仅次于肩部。

d. 压力点在颈椎处,担当袒背式晚礼服主要的吊悬压力。

服装材料也对压力产生作用,例如,高弹材料的紧身裤(袜)、紧身内衣、泳装,它们对人体的压力由于材料作用而被分解,压力支点不是固定在某一位置,而是平均分布,均衡体现。

二、束带型压力与人体卫生关系

束带型指直接对人体体表产生捆缚作用的服装类型,它包含整个形态的捆缚及局部形态的捆缚。整个形态的捆缚有紧身弹力衣、胸罩、束腰带;局部形态的捆缚有吊袜带、袜口、罗纹克夫等。

不管是什么形态的束带内容,人体体表受到外力的压迫,尤其是超过人体服装压力的允许值,就将妨碍健康,影响发育(青少年)及软组织与器官的正常生理运行(成年人)。图4-3-2是女子穿上束身衣和未穿束身衣时,腹部的变化,实线是未穿时的形态,虚线是穿上束身衣而位置、形状产生变化的X射线记录,因胃在腹部中间位置,受压力之后被上下挤伸拉长,而迫使胃部下垂[4]。

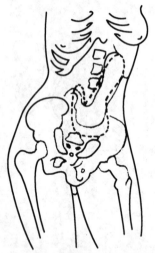

图 4-3-2　女性穿帮肚会引起的胸、腹软组织变形,中间的黑色虚线为帮肚压力所产生的变异形态

一般来说,弹力紧身带(衣)随着勒紧程度增大而压力相应增大,压力的增大会对心脏搏动及呼吸产生不利影响。心脏搏动上表现为间隔缩短,而且在解除压迫后,不易恢复到压迫前的数据;呼吸方面表现在加压小使呼吸数减少(因为腹部受压而使呼吸肌活动加强,引起肺活量增加),加压大时,会使呼吸数急剧增加而幅度变小、喘气急迫。由此可见,女性腹部含有适量的服装压力允许值(4 kPa),对肺活量及修饰形体均有价值,而超过此值将会妨碍健康。

弹力紧身衣的压力与人体姿势也有关系,坐姿大于立姿。因为人在坐姿状态下,皮肌由于关节、肌肉的变化,出现了伸展、收缩、紧绷的生理反映,它迫使贴身的服装压力增大。所以说,紧身衣带有极大的静态表演性,其修正身体的优美曲线是最为理想的,而家居与休闲性服装就不宜选用弹力紧身衣。

局部形态捆缚的束带类服装有胸罩、吊带袜、腰带、袜口与袖口,它们不像弹力紧身衣那样弹力均衡,压力平均,而是在某一局部体现压力。

胸罩(以"包入型"为例)罩面钟形沿胸围线扩展包住胸部,在钟形罩面上部及底部用弹性面料,胸罩后背处束带用高弹材料,目的在于使同一规格的胸罩能与不同形状乳房都紧贴,而不显得紧束。胸罩压力最大的部位是腋下,其次是乳下部,最后是乳头。对腋下压力的把握,是胸罩压力是否合乎允许值的关键,除了后背部附有松紧档次调节之外,选用的材料及束带宽窄不可忽视,弹力束带越宽压力越分散(关于胸罩尺寸分类另见附录)。

吊袜带的压力,决定松紧与舒适度(图4-3-3),测试方法是取橡皮束带,在不拉伸状态下,取相当于大腿周围值的90%、80%、70%、60%、50%的长度,做成环状套在袜子上,5 min内不做过度屈膝运动,之后检查束带是否向下脱落及舒适感觉(堀氏报告)。测试结果表明,橡皮束带长度为$L×60\%$～$L×80\%$时最舒适,同时,束

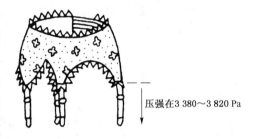

压强在3 380～3 820 Pa

图4-3-3　吊袜带的最佳压强测定

带越窄越要缩短长度。最舒适的情况是束带向着大腿方向的压力为3 380～3 820 Pa,宽度越宽越舒适。

袖口的压力以下捆缚腕部为正常,在外套(茄克类)中"克夫"多用罗纹针织材料①,可取腕部周围值的80%～90%的长度,作为环状尺寸,罗纹的弹力与回复性能舒适地与腕部紧贴;衬衣"克夫"一般取比腕部周围值大20%的长度,并以两粒不同围度的扣子作调节松紧。罗纹"克夫"的宽度也要有一定的限度,一般以5～6 cm为准。

人体肘、肩、臀、膝部在活动中可受拉伸力大小及方向测定(图4-3-4)。

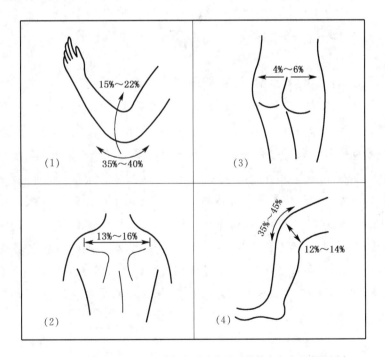

图4-3-4　人体肘、肩、臀、膝部在活动中所受拉伸力大小及方向测定

① 由正面线圈纵行、反面线圈纵行,以一定组织相间配置而成的纬编针织物的基本组织。它具有横向延伸和弹性,多用于服装袖口、领口、袜口、下摆处。

（1）肘部从伸直到弯曲，水平 15%～22%，垂直时 35%～40%；

（2）肩部从平肩到肩向前，水平时 13%～16%；

（3）臀部从站立到坐下，水平时 4%～6%；

（4）膝部从站立到弯曲，水平时 12%～14%，垂直时 35%～45%。

思考与实践：

基于人体与服装压力的研究分析

■ **案例一　塑身腹带压力性能测试与研究**（来源于东华大学研究生论文）

服装压力的大小是衡量紧身服装舒适性的主要指标。

选用款式结构、组织结构和面料力学性能均不相同的 3 款塑身腹带制作试验样衣，以 7 位年龄相近体型相同的女性为研究对象进行塑身腹带穿着压力测量试验。穿着调整型腹带的女性会在腰腹部位产生 3 个不同等级的压力区：一是腰部两侧和腹部最凸出处，是皮肤受压的最大区域；二是以腰围线为基准，人体脊柱两侧、前腰节点区域和人体肝脏所在部位，是皮肤受压的次集中区；三是人体胃所在部位，是皮肤受压的最小区域。结果表明，影响调整型腹带服装压力大小的因素包括面料本身的力学性能、腹带的款式结构（骨架的密度和作用位置）以及人体不同的受压部位等。其中，所选择的无弹力面料面积的大小、起支撑作用的胶骨密度和作用位置可以明显改变局部所受压力的大小。

（实践人：潘科）

■ **案例二　服装压力与人体感受分析**（来源于《纺织学报》）

服装舒适性包括热湿舒适性、感受舒适性和压力舒适性，其中服装的压力舒适性是评价服装舒适性的一项重要指标。

人在运动时与服装形成了动态接触。在人体与服装的动态接触中，服装以相对滑移量和衣料变性来符合人体变化，由于衣料变形而产生内应力，对人体接触部位产生束缚力，使人体感受到服装压力。按个体差异和身体部位不同，使人体感受到不舒服的服装压力介于 5.88～9.8 kPa，这与皮肤表面的毛细血管和血压相近；而舒适服装压力范围为 1.96～3.92 kPa。当服装压力超过舒适临界压力值时，血液流动困难，从而导致血液流动受阻或停止流动，从而血液被迫流向腿部较低部位，从而造成下肢肿胀。服装压力的大小主要取决于 4 个因素：服装的款式与合身性、身体各部位的形状、人体皮肤和皮下软组织的力学性能以及面料的力学性能。

（实践人：宋晓霞）

第四节　服装与皮肤卫生

服装直接作用于人体体表,服装材料成了与皮肤最亲和的媒介,从而引出服装系统与皮肤系统的互联关系,成为服装人体工程学中卫生要求的重要内容。

在日常生活中,人的皮肤要受到客观环境、遗传和营养、着装状况等多方面的影响,如暑热、寒冷、日光紫外线、细菌、霉菌、化学污染、外伤等,这些理化作用导致皮肤的卫生障碍及病理变化。对于服装来说,如果将之作为抗体,自然会与导致皮肤障碍的抗原发生作用,而出现种种过敏反应或病理变化。

作为服装设计师,通过对服装的污染情况、材料与皮肤障碍等卫生学知识的了解,可以在设计中协助解决服装适合皮肤卫生的问题。目的在于既能满足人们生存内容中必须依靠服装的客观欲求,又能使之达到保护肌肤、发挥肌肤生理机能的效果,使二者更为贴切、更科学卫生。

一、涉及皮肤卫生的服装环境污染

所谓服装环境污染,指人的生理及人为的环境污染的服装转而污染皮肤,进而危害人体健康。服装环境污染有内部污染与外部污染两种,内部污染是皮肤生理反映,外部污染是空气质量、材料物化性质的作用。

内部污染是由皮肤分泌物,如水分、汗、脂肪、表皮屑等造成。人的各部位生理机能不一样,分泌物污染量也有主次之分,从脂肪性污染量来看,颈>背>肩胛>胸>腰腹>大腿。季节不一样污染量也有变化,夏季大于春秋,春秋大于冬季。人体运动性质不一样,污染量也不同,劳动大于步行,步行大于静坐。

外部污染指空气中尘埃、油烟、浮游物、食品污迹、化妆品等对服装污染而反作用于皮肤。它受到服装材料的物理性质左右,同样量的污染在不同面料上反映是有差异的。例如,表面绒毛多的面料,对尘埃的吸附量就比光洁平滑的面料大得多。一般来说,毛呢料由于含有多个反应性活性基,污染量大于蛋白质纤维的丝绸,而丝绸又大于含有氨、苯等化学物质的尼龙。

在内、外污染相互作用条件下,而导致的微生物污染,也是服装污染皮肤的一个方面。微生物污染在服装中的体现,是由于皮肤分泌物、皮肤温度、外界污染、面料性质等多种因素作用而产生的细菌、真菌、病毒等污染皮肤。一旦皮肤产生的汗液、水蒸气、皮脂及皮屑被服装吸收,而未受卫生(洗涤)处理,就会被分解,为细菌繁殖制造了适宜条件,从而诱发皮肤病变。根据[日]久野氏报告,汗液的固体成分为 $0.3\% \sim 0.8\%$,其中约 3/4 为无机成分(食盐),约 1/4 为尿素、尿酸、肌酸酐、氨等有机物,汗液的固体成分被服装(内在部分)所吸收而产生汗臭味。再者,如果这些微生物处在80%相对湿度的环境之下,它会急剧增长,也就说明夏季高温高湿的气候条件下,服装要勤洗涤,而面料应适于多次洗涤。参见表4-4-1各季节、各部位服装依附细菌量,测试(静止状态)着装条件为上身全棉贴身内衣、下身全棉三角裤,外套为棉纤维针织质地开襟衫、裤。

表4-4-1　各季节、各部位服装依附的细菌量　　　　单位:个/cm²

季节 \ 部位	胸	肩	背	领	腋窝	侧腹	袖口	腹	腰	臀
春	190	430	350	250	1 900	200	230	200	280	300
夏	130	190	2 300	130	57 000	190	—	400	1 100	260
秋	200	430	1 100	320	740	230	220	280	270	240
冬	26	52	70	68	180	36	36	58	80	59

(参引[日]庄司氏报告)

二、服装材料与皮肤障碍

服装材料引起的皮肤障碍,与纤维制造过程中使用的化学物质及其整理过程中的染料、助染剂等有关。例如,常用于劳防服的维尼纶制造中含有甲醛,当甲醛受皮肤汗水作用后,游离于纤维而刺激皮肤,会引起皮炎。服装出于对柔软性的要求,经常在整理中添加硫酸脂、多元醇、脂肪酸等化学成分,一旦当它们从纤维中游离,刺激皮肤就不可避免,美观与卫生的关系可见一斑。

生活中,人们推崇的"洗可穿""免烫型"等服装都是由整理中化学添加剂来促使服装不易产生折痕而永久免烫,一旦与汗液接触,其甲醛成分就可能游离纤维而刺激皮肤。根据测定,含有0.05%游离甲醛就会产生皮肤炎症,尤其对过敏性皮肤的人,脱下这些服装后,症状会消失。可见,内衣最好不选用这种不合卫生要求的"免烫型"面料。

合成纤维制造中常含有下列化学物质:硫酸、苯、氨、甲醇、乙烯、醋酸、甲醛、氯化氢等。

面料在染色整理中,对皮肤有污染的内容有:碱性染料、酸性染料、还原染料、分散染料。它们都含有氨基($-NH_2$)成分,而对皮肤无益。另外,色彩纯度越高、色彩越艳,所含氨基也就越高,如明黄、孔雀绿、宝蓝、藏红。在对内衣的色彩设计上,要尽量回避高纯度的明艳色调及深色系。

三、服装污染处理与皮肤卫生

服装可以通过化学消毒及日光、蒸汽消毒等方法,另外还包括生活上的勤洗、勤换来杀死或抑制病原菌,尽量减少服装污染对皮肤的卫生损害。

化学消毒方法有福尔马林气体消毒剂喷杀,药皂(0.1%～0.5%)溶液浸泡法。日光消毒法,先将服装洗净,在较长时间的日光照射下,靠阳光的紫外线来杀菌。蒸汽消毒法,使用高压(0.1 MPa帕压力的高压蒸汽在120℃中,20 min可杀死所有细菌)蒸汽来消毒是最安全的消毒方法。

勤洗勤换处理,指通过勤洗涤与更换来避免服装病原菌产生、繁殖的可能。例如,针棉内衣的"脏",在穿着功效上是符合工学要求的最佳效能,说明它充分地吸收了皮脂与汗液,但不采用勤洗勤换的方法,就会失去服装人体工程学的卫生价值。

随着服装工业的发展,最终人们会寻找到服装在制造、整理过程中,解决好抗菌、抗霉、抗内外部污染、抗化学物质的问题,使人体皮肤无忧地适应于各类服装。

四、辐射关系与皮肤卫生

服装的辐射关系,指太阳辐射、热辐射对服装传热后的效应,它涉及到皮肤温度的升降与散热问题。

服装改变了皮肤暴露于环境表面的问题,充当了皮肤与环境接触的替代品,因而也就改变了人体的辐射关系。在热的环境条件下,服装作用是隔热。隔热的效能与服装色彩(染料)、材质都有直接关系。就服装色彩折射来看,银色与白色最佳,淡色系次之,深色系最弱,因为银色能对辐射产生高反射作用,消防服的银铝箔织物能说明这一点;就服装材质来看,结构越紧密,对辐射的作用就大,反之就越小。在冷的环境条件下,服装作用是减少辐射产生的散热,一般以服装的多层来减少散热,维持皮肤的温度。

服装作为辐射的防护物,服装表面和皮肤之间的隔热性能体现服装的性能,当皮肤温度上升或由于运动而降低了服装隔热性时,服装的表面温度也随之上升,这样通过辐射和对流又可增加表面的散热作用,协助皮肤进行生理(温度)调节。

服装表面状态也与热线的反射、吸收有关(表4-4-2)。表面光滑反射大,粗糙反射小;缎纹组织浮纱多、起毛少,对光泽的反射大,对起毛织物、起绉织物反射小。

表 4-4-2　颜色与热线吸收的比较

色　相	吸　热　比	色　相	吸　热　比
白色地	1.00	橙色地	1.94
黄色地	1.65	红色地	2.07
青色地	1.77	紫色地	2.26
灰色地	1.88	黑色地	2.50
绿色地	1.94		

(注:热线吸收多,热感强。引自弓削治《服装卫生学》)

服装的染料颜色对人体的热负荷也有影响,它们对太阳辐射的反射率不尽相同,其中铝箔和白色的反射效果最佳,黑(深)色最差,设计师对此应有基本把握,而在设计中回避不利季节与环境条件的选择(表4-4-3)。

表 4-4-3　不同染料对太阳辐射的反射率

（根据［日］庄司光报告整理）

染料名称	对太阳辐射的反射系数（%）	穿上此染料做成的服装后,体温辐射率（%）
硫化黑	6	99
还原黑	25	98
还原蓝	42	98
还原绿	37	98
漂　白	64	98
涂　铝	40	65
覆盖铝箔	80	4

（注:原料为 102 g/m² 棉府绸织物,有"～～"符号为最佳）

【思考题】

1. 服装作用与人体生理卫生有哪些密切关系?

2. 服装面料选择不当对人体的健康影响有哪些?

3. 谈谈当今盛行的紧身衣对人体生理结构的影响如何。

4. 与人体肌肤最为亲肤的面料有哪些?

服装设计归属于工艺美术类。一个重要的划分点在于它具有运用一定材料，为人体包装及生理要求服务的属性，以实用为目的，对象是大众。它并不像绘画与音乐那样可以由艺术家在没有表现媒介限定及功利要求的前提下，自由地展现艺术精神与形式，服装的功能要求与材料选择，使它比其他艺术形式更直观、更丰富、更有操作性。薄如蝉翼的印花乔其纱、柔软如水的软缎、平挺规整的精纺花呢……，像音乐那样由不同的音色构成丰富的"乐章"，这里的"乐章"是否和谐动听，不单是以视觉美感为标准，它要求最终使这些内容与人体配伍、对应、匹配，并强调效能业绩，由此导出了人体工程与服装材(面)料的界面内容。

随着人们生活质量的提高及纺织科技的发展，服装面料日趋注重对健康、保健的需要与外观形态美的结合。例如，对织物进行的抗菌、防臭、增强人体微循环、抗静电、反光、阻燃整理、砂洗、免烫整理、液晶变色、镂空等各种整理和处理方法，真是不胜枚举……可以说，服装面料从兽皮树叶到今日功能各异的品种，始终注重面料如何更合理地与人接触：文艺复兴时期欧洲意大利人创造的针织紧身裤，开创了服装面料修形保暖(勾勒下肢形态，柔软而富有压缩弹性)的先河；1959年美国杜邦公司研制的莱卡纤维(Lycra)更使人体会到什么是肌肤的亲和感(合体、伸缩性强、保形好)。如今，在"服装适应人"的行为意识下，追求服装面料最大限度地满足人的生理、心理需求，显得大有潜力可挖。例如，对化学纤维的进一步改良与整理，使之在吸湿、舒柔、卫生方面能与天然纤维媲美；天然纤维在保持其对人体肌肤有益的基础上，使之具有化学纤维的抗皱、定型、挺括等优良性质；面料在舒适性、伸缩性、导热性能、防水透气性等方面更加完善。要真正做到服装面料全方位与人匹配任重而道远。

从服装设计的角度来看，把握面料的性质，在运用面料与款式创造之间，构造健康卫生且功能卓越的桥梁。如液晶服装，根据光谱波长不同的反射产生不同色彩，而不同色彩产生不同的热交换值，起到人体与服装的热辐射调节作用；防暑、防寒服装，能根据环境温度而自行调节衣服透气性能，有助皮肤新陈代谢；卫生保洁服装能抗菌、抗霉、抗尘及治疗职业病，以免人体机能受损。所有这些富有前景的开发，既依靠纺织面料研制者科学的创造作保证，也要求设计师含有强烈的服装人体工程意识。

服装面料是一个独立的系统界面，它涉及服装材料学的所有内容，并与人体工程所要求的界面发生必然的联系，它们之间的配伍情况决定人与服装的工程价值。

第一节　人—服装界面中的面料内容

　　面料,指纺织面料而言,是服装材料的主要内容,是服装的物质基础。服装人体工程学中的面料与人体之关系,在此以面料的性能与服装人体为重点进行讲述,美观性方面不作详述。

　　无论什么面料,它的形成都由三大环节构成:纺、织、整理(表5-1-1)。此三大阶段既独立又关联,每个阶段的处理、定位、选择均关系到面料对人体的服用价值。例如,在后道整理中,使用柔软剂或树脂整理,如果纤维是选用乙烯合成树脂类,它就不可能成为最佳的内衣面料;反之,在纤维选择中选用高支优质棉,而机织工艺并未经防缩防菌处理,也不能成为理想的内衣面料。可见,面料的服用性能涉及到各个环节,是各环节之间的综合反映。

表 5-1-1　纤维与人—服装的关系

纤维种类		学　名	商品名	与人—服装关系
天然纤维	植物纤维	棉		最佳的内衣材料,排汗与吸汗性强;宜做内衣、睡衣、衫衣裤
		麻		轻微刺触感,透气性强,挺直;宜做男衬衫、衬布
	动物纤维	毛		柔软而有弹性,吸水性强;宜做男女套装、大衣、毛线、袜、手套
		蚕丝		与皮肤亲和力强,冷感;宜做夏装、领带、旗袍
化学纤维	再生纤维(注)	改良人造丝、铜铵纤维	黏胶纤维	外观漂亮、染色好;宜做女装、童装、外衣
	半合成纤维	醋酸纤维、三醋酸纤维素纤维	纤维素酯纤维	
	合成纤维	聚酰胺纤维	锦纶、尼龙、卡普隆	宜做装饰内衣、童装、上衣、运动服、线
		聚酯纤维	涤纶	吸湿性差,不宜直接与人体皮肤接触;宜做挺括不变形的外套、运动装
		聚丙烯腈纤维、聚丙烯腈纤维系	腈纶、开司米纶、奥纶	不宜与皮肤直接接触,保暖性强;宜做毛衣、冬天外套、袜子
		乙烯合成树脂纤维	维纶(维尼龙)	耐湿热性极差,回弹差,不宜做内衣;宜做工作服
		聚脲酯纤维	伸缩纤维	宜做胸罩、内衣、运动服装

　　(注:再生纤维——用天然纤维素为原料的再生纤维,由于它的化学组成和天然纤维素相同,而物理结构已经改变,有黏胶纤维、醋酯纤维、铜铵纤维等。)

　　面料生产过程:

　　　　纺纱————————→织造————————→整理————————→面料

　　(纤维→纱线)　　(机、针织、编织→坯布)　(漂、染、印花、性能整理)

用于面料生产的原料,种类虽多,但不外乎天然与化学纤维两大类(表5-1-1)。

常用纤维特性与人—服装的关系:

棉:在所有纤维中,棉纤维是皮肤接触最舒适的纤维,也是最卫生的纤维。它具有清爽的手感与合适的强度(断裂伸长率为6%~11%之间)。正因棉纤维内腔充满不流动空气,而使静止的空气成为最好的热绝缘体,它也是保暖内衣的首选原料。棉纤维可塑性强,在105℃状态下,经蒸发水分的同时加压,可任意改变它的形状。

麻:植物纤维素纤维,麻的种类很多,其中苎麻最为优良。吸湿、透气、卫生、快干,适宜做夏装衣料。但手感较差、有折皱,需要改性或混纺来使之成为更理想的夏装材料。

毛:蛋白质纤维,毛纤维的种类也很多,常采用绵羊毛和山羊绒。毛纤维保温性能良好,伸展与弹性回复力优,不容易起皱,富于吸湿与柔软度,还有适当的挺度,是做外套的最理想衣料,对运动中的人体捆缚性小。

蚕丝:天然纤维中唯一最细最长的纤维,一般长度在800~1 100 m之间,细长的纤维使丝绸衣料有柔软的手感与自然的垂性,自然的垂性是产生优雅仪态的关键。同时,其光泽与染色性好,各种美观的图案最好借用丝纤维材料来印制。蚕丝纤维耐盐的抗力差,如果作为夏装衣料,一旦被汗水浸湿,应马上冲洗干净(不宜浸泡),不然既不符合卫生要求,也会使纤维组织受到破坏。

尼龙:纤维结实且伸展力好,质轻而柔软,这种对人体压力小的材料适宜做运动服装、长袜等没有捆缚限制的服装。

涤纶(学名聚酯纤维):是面料中运用最多的纤维,因为涤纶分子呈平面对称结构的紧密排列,弹性足、强度高、尺寸稳定性好,有"免烫纤维"之美称。它不适宜直接与皮肤接触的原因是吸湿性差,即使作为外套材料也有发闷、不透气之感,一般涤纶纤维需要与其他纤维混纺,以达到扬长避短的目的。

腈纶(聚丙烯腈纤维):具有轻盈、体积大、蓬松、卷曲、保温性佳等特点,而与羊毛相比又存在(弹性接近羊毛,保暖性比羊毛高15%)耐磨性差、易磨损、断裂、起球等缺点,宜与其他纤维混纺。它在人体体表的最佳位置是贴身内衣与外套之间(也可作外套材料)。

氯纶(聚氯乙烯纤维):因其分子中无亲水结构,制成内衣裤后经人体摩擦会产生静电,对关节炎可起到类似电疗的作用。氯纶服装只能在低水温中(30~40℃)洗涤,超过70℃时会缩成一团且变硬,所以做雨披等最适宜。

氨纶(聚氨酯弹性纤维):目前运用较广的"斯潘齐尔"(Spanzelle)"莱卡"(Lycra)均属此类。它的延伸度可达500%~700%,回弹率在97%~98%,弹性优于皮肤数倍,而且耐汗、耐干洗、耐磨。用于合体修形类的服装及运动服。

对于设计师来说,市场上既没有十全十美满足人体需要的纤维,也没有毫无价值的纤维,纤维的存在均有显示自身优势的项目。关注纤维性能,扬其特长,抑其缺陷,注重纤维绩效与性能对人体的绩效发挥,是设计师的职责(附各种纤维性能表,表5-1-2)。

表 5-1-2　各种纤维性能表

项目 ＼ 纤维	人造丝	醋酸丝	尼 龙	维尼龙	聚氯乙烯	氯纶	丙烯丝	丙纶	涤纶	棉	羊毛
相对密度/(g/cm²)	1.51	1.32	1.14	1.26	1.70	1.39	1.28	1.17	1.38	1.54	1.32
拉伸强度/(g/d)	1.5~2.4	1.3~1.5	4.5~5.8	3.5~5.0	2.0	2.0~4.0	2.8~3.6	2.5~3.5	4.0~5.5	3.0~4.9	1.0~1.7
湿强度(%)	50	70	85	80	100	100	95~100	80~100	100	110	80
伸 度(%)	15~30	23~30	26~32	15~30	15~25	15~25	27~33	27~40	17~55	3~7	25~35
伸缩的回复率(%)	30~74	48~74	95~100	60	100	70~75	83	80~90	72~98	50	95
吸湿度(%) 标准状态	13	6	4.5	5.0	0	0	0.6~0.7	1.2~2.0	0.4	8	16
吸湿度(%) 95%相对湿度	27	14	8.5	12.0	0.1	0.3	1.0~1.3	1.5~2.6	0.6~0.7	24~27	22
耐热性 软化点(℃)	/	180~200	180~200	200	120~140	110~130	150~220	190~232	235~260	/	/
耐热性 熔融点(℃)	/	260~270	215	220	180	180	185~235	280~300	265	/	/
耐酸性	弱	稍强	稍强	强	最强	最强	极强	极强	极强	弱	强
耐碱性	稍弱	弱(加水分解后)	强	强	极强	极强	强	强	极强	强	弱
耐光性	稍强	稍强不变黄	弱	强	极强	极强	极强	极强	稍弱	稍强	弱
染色性	优秀	良	良	良	可以	可以	良	良	可以	优秀	优秀

(注：1 g/d≈0.088 n/tex)

　　由不同纤维构成的纱线,为面料的织造提供了可能,面料的织造是面料形成系统中的第二阶段。面料的厚薄、粗细、疏密、松紧等布面肌理与质感均由织造方法与工艺决定。

　　面料织造方法有机织物(亦称梭织物)、针织物、花边、无纺布几大类。

　　机织物的结构、外观风格及物理力学性能是通过织物组织(经纱与纬纱相互交织的规律)的不同编排来实现的,织物组织分以下几大类:

```
                   ┌ 平纹(有细薄、平整、结实的细竹布、格子布)
           三原组织 ┤ 斜纹(有牛仔布、哔叽、轧别丁)
           │       └ 缎纹(柔软光泽的丝织物)
a. 一重组织┤变化组织——变化三原组织
           │       ┌ 将以上二组织混合变化(外观特征丰富,有立体条、扭曲、
           └混合组织┤ 小孔形成图案、凹凸蜂巢纹样)
```

$$b. \text{ 多重组织} \begin{cases} \text{经二重组织(毛织物的牙签花呢)} \\ \text{纬二重组织(毛毯呢)} \\ \text{二重组织} \\ \text{复杂组织(丝织物中锦、缎、绒、灯芯绒)} \end{cases}$$

c. 纱罗组织(织物表面有均匀小孔、透气的夏装衣料)

d. 凹凸组织(凸条之间有细凹槽,立体感强,丰厚柔软)

e. 提花组织(锦、缎、绒上有复杂的花纹)

针织物与机织物的织造不同,是将一条以上的编织线以环状(线圈相互串套)相连的织物,有经编、纬编之分。针织物的延伸性与弹性优于机织物,是内衣、紧身衣、运动衫、袜品的最佳材料,在提高尺寸稳定性后,也可以做时装外衣。

针织物线圈形式:

$$a. \text{ 纬编} \atop \binom{\text{从横向供给编线,}}{\text{在同方向制作线环}} \begin{cases} \text{平编(毛衫、内衣、运动衣、易卷曲)} \\ \text{罗纹编(横方向有伸缩性,领口、袖口的松紧克夫,不易卷曲)} \\ \text{真珠编(袜带,表里外观一样,松紧伸缩大,厚)} \\ \text{两面编(提花针织布)} \end{cases}$$

$$b. \text{ 经编} \atop \binom{\text{纵向供给编线,}}{\text{并在同方向制作线环}} \begin{cases} \text{编链(内衣料)} \\ \text{经平(网眼针织物,T恤及内衣料)} \\ \text{经缎(有花样图案,做花边、窗帘、毛毯等)} \end{cases}$$

花边,亦称"蕾丝",是平面形态上有空隙花样(图案)的纤维制品总称。有刺绣花边包括满底绣花与镂空绣花(刺绣花样后用药水溶解底片,没有花样的部分烂掉,留下刺绣部分),还有里维尔花边(用于边缘装饰)、拉舍尔绣花边(用于绢网绣花布)。

无纺布,亦称"不织布",指用纺织纤维为原料经过黏合、熔合或用化学、机械方法加工而成的面料。它的用途以医用卫生(如手术衣、口罩、卫生巾等)、服装鞋帽(垫肩、劳动服、防尘服、鞋底等)、家用装饰(地毯、沙发内包布、床罩、床单、窗帘等)、工业用布及土木工程等为主。无纺布因其产量高、成本低、用途广(隔热、透气、防毒、防震、隔音、耐热、防辐射)而必将成为服务于人的、充满前景的理想材料。

人与服装界面中要求的匹配性,其中包括面料性能与人体生理要求、造型艺术的和谐默契,它建立在对面料性能的鉴别和充分了解的基础之上,以便选用合理、有效、取长补短。面料的性能对于设计师来说,只需了解直观的定性关系,不必在数据上考证。

吸湿方面:面料的吸湿性关系到穿着的舒适性,在标准状态下的吸湿序列为:羊毛>麻>丝>棉>维纶>锦纶>腈纶>涤纶。

耐日光方面:它关系到室外着装的卫生性,序列为:玻璃纤维>腈纶>麻>棉>羊毛>涤纶>氯纶>富纤>氨纶>锦纶>蚕丝>丙纶。

耐磨方面:指受外力反复多次作用的能力,序列为:锦纶＞涤纶＞腈纶＞氨纶＞羊毛＞蚕丝＞棉＞麻＞醋酯纤维＞玻璃纤维。

强度方面:强度由纤维对拉力的承受力来体现,相对强度的序列为:麻＞锦纶＞丙纶＞涤纶＞棉＞蚕丝＞铜氨纤维＞黏胶纤维＞腈纶＞氯纶＞醋酯纤维＞羊毛＞氨纶。

伸长性方面:氨纶＞氯纶＞锦纶＞丙纶＞腈纶＞涤纶＞羊毛＞蚕丝＞维纶＞棉＞麻＞玻璃纤维。

易染色方面:棉＞黏胶纤维＞羊毛＞蚕丝＞锦纶＞化纤类。

面料由于织造方式不同,机织物与针织物在实用性能上也有差异,通过比较能清晰地区别各自的优劣,以便寻找面料性能方面与人—服装的协调(表5-1-3)。

表5-1-3　机织物与针织物的实用性能评价

评价类别	评价项目	内　容	评　价	备　注
外　观	悬垂状态	弯曲、拉伸、密度、厚度	针织物比机织物具有垂悬性	针织物悬垂飘逸感好
服用感觉	手感	挺括、张力、滑溜、毛糙、硬软、对皮肤刺激	针织物比机织物挺括,柔软而有弹性,表面感觉有方向性	—
	适合度	穿着时人体适合度	针织物优于机织物	触感舒适度
	皮肤接触感	轻重、柔硬、冷暖、气味	皮肤接触感应根据用途而定其良否	—
形态稳定性	伸缩	洗涤时是否容易变形	针织物比机织物大	线圈结构的局限
		穿着时是否容易变形	针织物比机织物容易变形	同上
	折皱	回复性如何	机织物易折皱	—
卫生机能	重量	轻、重、压迫感	针织物气孔大,比机织物轻	针织优
	透气率	空气通过织物流通情况	同一重量与厚度情况下,针织物的多孔性决定针织物透气率高	同上
	保温性	保温与凉感	针织物比机织物好	有风时,针织物就比机织物差
	吸湿性	吸、放湿性	同一重量与厚度情况下,针织物同于机织物	—
	带电性	静电状况	针织物与机织物一样	—
生物性反映	防霉、防虫	霉变、虫蛀状况	与原料(纤维)有关	—
理化性抵抗	耐热性	易燃状况	与原料(纤维)有关	—
	耐光性	太阳光、紫外线、风雨状况	针、机织物相同	
	耐汗性	汗脂吸附		
	耐药品性	耐碱、耐酸、洗涤剂、漂白剂、染料影响		

评价类别	评价项目	内　容	评　价	备　注
机械性质	拉伸强度	干、湿强力	同一重量与厚度情况下,针织物比机织物低	机织物优
	摩损强度	摩损强力	同一重量与厚度情况下,针织物数值低	同上
		起球、起毛	组织结构的因素、针织物比机织物发生多	同上

第二节　人体体表与面料适合性

　　面料应该最大限度地具备人体的生理功能,在物化性、力学性、生物性方面也体现出来价值;同时,人体出自舒适卫生、协调环境的要求,尽量在选择面料中回避不匹配的性能因素,吸取有利人体效能的构造。人体体表与面料适合性,表现在弹力面料的价值和面料与人的综合适应两方面。

一、弹力面料的适合价值

　　将弹力面料专门列出有明确的价值,其一,弹力面料与人体运动机构(骨骼、肌肉、皮肤)均有伸缩、回复的运动性;其二,弹力面料与人体肌肤共同具备柔软、呼吸的卫生性。从服装人体工程学的角度出发,合适的弹力面料是面料作用于人体的最佳选择。

　　弹力面料与人体体表(主要是皮肤)有着共同的特征,但它们之间必然有着差异。弹力材料可以人为地处理、调节控制弹性值,而皮肤的弹力是在有限范围之中,且年龄、营养、身体部位不同等均有差异,如何使弹力面料更好地服务于皮肤卫生和形体运动,是考虑的焦点。

　　弹力面料的弹力分高弹、中弹、低弹三类。高弹面料具有高度的伸长和快速的回弹性,弹性为30%～50%;中弹面料弹性为20%～30%,称为舒适弹性面料;弹性在20%以下为低弹面料,根据美国杜邦公司标准,要使面料既有弹性,又能保持款式外形不变,弹性在20%～30%之间最适合。弹性增大,舒适性提高而外形保持性下降,适应范围是舒适与外形兼顾。

　　人体各部位在活动中面料所受拉力的方向、大小不尽相同,杜邦公司对人体肘、肩、臀、膝在活动中所受拉伸力的大小与方向测定(图4-3-4)表明,强力伸缩度在织物能拉伸30%～50%,而回复拉力损失不超过5%～6%的状态下,既能紧贴皮肤而展示人体曲线,又可随人体动作屈张作自由收缩,这一标准弹性值符合女性长裤、泳衣、紧身内衣、舞蹈服等的要求;而弹性在 20%~30% 之间可作外衣类,如茄克衫、运动衫、健美裤等。

弹力面料具有方向性,分纬弹、经弹、经纬弹三种。纬弹面料是在纬编机上加入氨纶丝[①]编织;经弹面料与经纬弹面料均是在经编机上加入氨纶丝编织而成。由于编织方法不同,弹力面料的纵向与横向延伸率不一样(表 5-2-1),所适合的服装内容也不同。

表 5-2-1　不同用途弹力织物适宜的延伸率

分　类	用　途	延伸率(%)
舒适类	衬衣、妇女短罩衫	10~15(横向)
	工作服、制服	同上
	短上装、便裤	15~20(纵横向)
	男女外衣(套装)	10~25(横向)
行动类	运动衣	20~30(纵横向)
	戏　装	25~40(纵横向)
	妇女儿童便裤	20~30(纵横向)
	技巧运动衣	50~200(纵横向)
	舞蹈紧身衣	50~200(纵横向)
强制类	滑雪衣	40~60(纵向)
	女性贴身衣	50~150(纵横向)

二、面料与人的综合适应评价

人与服装界面决定着人与面料的适应呈系统关系,综合适应内容包括面料产生的人体生理反映(运动与皮肤)、物化性能与人体、心理感受、适宜季节、造型类别等方面(表 5-2-2)。

表 5-2-2　常用面料与人的综合适应评价

品　名	质感、手感	物、化性能	视觉与心理感觉	肌肤感觉	人体运动感觉	适宜时节、造型类别
细竹布巴里纱格子布泡泡布	薄、透明、肌理纹	薄、凉、挺、平纹、棉、麻、化纤类	休闲、家居情态、环境随意性	分离、脱落、凉爽	牵引适度,有宽松量要求、无弹性	夏、衬衣、睡衣
府绸	光泽感、软、柔、滑	轻、密、横向棱纹、棉、毛、化纤类	同上	柔软肌肤感、亲和	顺从、贴切、无弹性、飘	夏、睡衣

---

① 氨纶纤维(Polyurethane Fibre),简称 PU 纤维,有两大类:一类是聚酯型氨纶,代表商品名是"瓦伊纶"(Vyrene);另一类是聚醚链段镶嵌共聚物,简称聚醚型氨纶,代表商品名是"莱卡"(Lycra),是时尚的弹力材料。

品　名	质感、手感	物、化性能	视觉与心理感觉	肌肤感觉	人体运动感觉	适宜时节、造型类别
牛仔布 劳动布 牛津布	布面色度深浅差异、厚、硬、刺感	斜纹、合成纤维、棉、耐磨	力量、朴实、岁月感、超越	微痒、触痛、抵触、回避	硬、僵、固定牵制、不贴身	外套、职业工作服、四季、休闲服
天鹅绒 丝绒	闪光（顺、逆光）、厚	绒毛、垂势（悬垂）	富态、炫耀、游戏	封闭感、沉闷冷刺感	滑动、游离拉伸感	外套、礼服、表演服
灯芯绒	立体	凸凹纹棉、化纤	力量、朴实	一般	吸附、微弹（横向）	四季、外套（裤）、童装
双绉 软绸 软缎	闪烁、滑柔、反抗	蚕丝、合成化纤、垂势强	温和、华贵	亲和、贴切、柔顺	便利、滑落、流动、顺从	礼服、女装（裙）春秋装
乔其纱	光泽小、挺度好	极薄棉、毛、尼龙、合纤、平纹	透、露、朦胧、性感	折触感	起皱折	辅料、表演服
薄绸	柔软、薄、轻盈	平纹	飘逸、亮丽	滑柔	顺从无皱纹	夏装、女裙
哔叽 啥味呢 华达呢	滑溜	毛、合纤、形态稳定、斜纹平纹、缎纹	礼仪性、财富感	微刺感	牵引、制约	四季、制服、外套类
针织 弹力料	松软	弹力、拉长度、回复性好	性别特征强、中和	亲和、柔顺	修形、塑形、完型、贴顺	四季、内衣、运动服（紧身程度视弹力值而定）
织锦缎	花团锦簇、五彩	缎纹底提花	民族化、富贵、个性	刺痒、抵触、反弹	僵硬、空脱	装饰、袍、礼服
中长纤维类	综合	定型性强、尽寸稳定、色彩丰富	光洁、平整、挺括	毛糙、微弹	一般	外套、制服、工作服
法兰绒	松软、温暖	粗支数的纺毛织物施以梳毛整理加工，使布面有毛羽覆盖	富丽、高贵、传统	微刺痒	压力感	礼服、外套

第三节　人体要求的面料舒适性

面料紧覆人体皮肤（内衣直接、外衣间接），人体需要的新陈代谢、恒定温度、舒适感觉等与面料有关。面料的"皮肤角色"格外重要。

一、吸湿、吸水

纤维外表面及内表面以物理或化学的形式吸收水分叫吸湿；纤维之间、织物之间吸收水分叫吸水。吸水的原理与人体毛细管现象一样，先在织物纱线及纤维表面吸着，逐渐浸入纤维之间。

人体蒸发着大量的水蒸气，贴身面料充当吸湿材料；而当人体运动（出汗）时，贴身面料就应吸水使其向外发散，起着调节人体温度的作用。贴身内衣的吸湿、吸水要求，在材料上以天然纤维、再生纤维为宜，合成纤维类吸湿性差，甚至不具备，几种常见纤维吸湿性排序：羊毛＞人造丝＞麻、丝＞棉＞尼龙＞维纶。

面料过量吸湿或吸水则使重量增加，含气量减少，通气性下降，热传导率增大，使水分蒸发引起人体热量损失，这样的面料接触皮肤表面时会产生不适感。面料最好有适度吸湿和适度的水分发散速度，放湿速度过快，体温发散增大，对体温调节不利。

服装的吸水与吸湿，内衣由人体表面的不显性蒸发和出汗引起，外衣是雨水、雪、雾、霜等浸湿。在二者之间，外衣要求的吸水性小，而内衣要求吸水性大，本着这个原则，内衣的材料结构以针织品的经编材料（且有一定厚度）为宜，外衣的材料结构以合成纤维的梭织物较好。

二、透水、透气

透气性是指面料两侧存在空气压力差时，空气通过织物气孔的能力。服装面料的透水气性对人体的舒适和卫生影响极大，透水气才能使空气进行交换，不让废物在服装中蓄积。如果服装中的二氧化碳超过0.08%，水蒸气量使湿度超过60%时，就会有闷热感，人体躯干的皮肤与服装最内层之间的气候，维持舒适的指标为相对湿度50%左右、气流在25 cm/s左右。解决夏日人体的闷热感觉，应使用透水、透气性好的材料，使汗液及时散发。

透水、透气性好的面料，织物组织稀疏或透孔，如针织汗布，是夏日文化衫的理想面料。面料的织造形态比纤维性质更能决定透水、透气性，织物越密越厚，透水气性能越差，雨衣、滑雪服等要求不透水、又不发闷的面料，则需采用高密组织或防水透湿的后道整理来达到。

三、保温

面料发挥保温作用是服装的目的之一。面料的保温不单受通气、热传导，也受热射线的反射、吸收所支配，还受织物结构的影响，面料中空气越固定（内部所含空气越多），保温性越大，面料中空气流动越快，保温性越小。例如，缎纹组织比斜纹组织含空气量大、斜纹组织比平纹组织含空气量大，缎纹的保温性在三类组织中最好；在同一组织中，起毛组织的保温性大于没有起毛的组织。

就同一材料的面料来说,厚度与保温成正比。面料紧贴皮肤时,空气层厚度为零,而保温性最小,在身体上一层层加叠面料后,保温性随之增大,但这种增厚是有限度的(在 5～15 mm 之间),超过这个厚度就会降低保温效果,市场上所倾慕的"空气层内衣"就是适当地保持着空气层厚度(图 5-3-1),图中保温性曲线的粗线范围表示最佳的空气层厚度,它的值在 5～15 mm 之间。

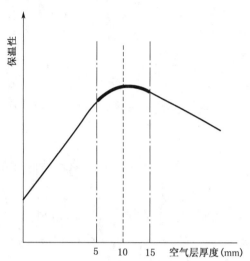

图 5-3-1 空气层厚度与保温性之间的关系

伸缩与热传递带来的人体舒适性,已在另外章节有所阐述,此处不再涉及。

第四节 高新技术的面料与人体工程价值

面料的变化与发展是与社会经济和科学技术紧密联系在一起的。如今,面料已从追求舒适卫生拓展到健康保洁、多功能、高功能、新功能,更深层次地使"衣服适合人"而趋向完美。

全新多功能、高技术的面料开发有两点是共同的。其一,借助于高科技手段,运用新的发现与发明。例如,纤维中渗入水(体内蒸发)就释放活性氧的离子,当细菌遇到活性氧离子就不能生存繁殖的杀菌面料;其二,开发新面料的着落点与动机都是强调以人为本,物适应人的人体工程价值,使面料(服装)更科学、更实用、更能与环境融洽,使人—服装—环境系统达到最佳融洽状态。例如,低密度聚乙烯发泡体制成的新型面料,只需 300 g 就能使 130 kg 的人在水中漂浮,完全解决了人在水患环境下的适应问题;用对皂液敏感的纸制作的无需洗涤与保养的一次性面料等等,服用后让其在皂液中溶化,充分体现着新面料的人体工程价值(表 5-4-1)。

表 5-4-1　高新科技面料的人体工程价值

面料名称	构成性能	人体工程价值	开发时间、单位、人
变色	光敏变色纤维	随环境温度变化而变色,灯光强→红色、灯光弱→浅蓝色	日本
	同上	28℃时→红色、33℃时→蓝色、低温时→深黑色	默克化学公司(英国)
漂浮	低密度聚乙烯发泡体,300 g 重即可让 130 kg 的人在水上漂浮	救生目的	韩国威光贸易公司
防热	微型制冷装置与细软管,冷水通过管子抽送到不同部位,吸收体内热量	人体冰箱(空调)、降温	美国
一次性	对肥皂敏感的纸质,让其在皂液中溶化分解	洗涤后溶化,节省洗涤时间、卫生	德国厄伦斯·雷切斯
夜光	纤维中嵌入微型反光涂层	夜间闪光、体育、交通安全	美国马萨诸塞州(1997 年)
杀菌	纤维中添加一种遇到水释放活性氧的离子,细菌遇到活性氧不能生存	杀菌、保洁皮肤	德国科洛公司(1997年 10 月)
减肥	强吸水性的纤维,使人体细胞中水分消耗加快	吸汗减肥	法国
(民用)液晶	用具有"温光效应"的胆甾型液晶分子排列在极薄层面上,其温敏效应随环境温度变化,而呈现液晶的光(颜色)彩作相应改变(男女液晶色变有区别)	女用{夏日烈日下白色(抵御紫外线的反射) 室内呈绿、蓝色(平和典雅) 傍晚呈玫瑰色(娇柔妩媚) 男用{清晨棕色(精神) 午后灰色(气度不凡) 晚上黑色(英俊稳重)	英国默克服装公司(1997 年)
(军用)液晶	根据自然环境色温变化服装色彩,使服装与环境色彩一样	伪装效应	同上
远红外保健	通过辐射、渗透、共振吸收来渗入皮下组织产生热效应,激发肌体细胞活性,使正常微循环血流增加 2～3 倍,提高组织供氧,改善新陈代谢,加强免疫力	保健理疗、增强人体的热效力、排湿透气抑菌	中国上海依福瑞公司,1997 年执行标准:Q/TGPA01—1997

第五节　面料新型整理的人性化特征

面料新型整理,指为满足面料人性化,而用化学或物理方法来改善织物的外观与手感,增进服用功能并具有各种不同的风格。与易洗、免烫、卫生、安全、阻燃、拒油、防水透气、防静电等性能为服装的科学化、效能化、外观仿生化等人性化要求相对应。

面料学专家们,早在20世纪20年代就提出了面料人性化的内容,"3W"的开发与研究成果(即 Wash and Wear 洗可穿、Wrinkle-free 不皱或免烫、Work-Saving 省工时)为设计师的创造提供了良好的物质保证,人们得以减少因服装行为而导致的烦恼,从洗涤熨烫中解放出来(一种用尿素—甲醛树脂在棉、麻等纤维素纤维上的防皱整理)。如今,各种新的理化整理方法相继出现,为服装的功能化及人与着装环境的匹配,起到了良好的媒介作用(表5-5-1)。

表5-5-1　服装设计师应了解的各种面料新型整理内容

新型整理种类	整理方法(理化处理)	人性化价值	设计师关注内容
耐久压烫	亦称"PP整理",使用树脂整理使棉织物(纤维素纤维)的强度有所降低而提高湿强度,有"染整厂焙烘"和"成衣后焙烘"两种方法	具有"永久定型"效果,褶裥稳定,缝裥永远光洁,比"洗可穿"更具定型性,能使人们免去熨烫的烦恼	形态稳定性的优势对造型中强调结构线条的硬朗、肯定、力量、空间量增减有较高的价值,尤其在外套及时装类
柔软整理	柔软整理,是弥补织物在染整过程中受各种化学剂的湿热处理,并受机械张力作用而产生手感僵硬、粗糙的整理。机械法——用捶布工艺使纤维之间互相松动;化学法——用柔软剂来降低纤维之间摩擦系数	手感柔软,有肌肤般的亲切感	柔软与平滑性为造型中要求的垂势、摆势、活褶褶、随形性(由人体肩、腰等垂撑点产生衣纹流动效果)提供了良好的物质保证
防水整理	亦称"呼吸型防水面料",它与传统的不透气防水织物(用橡胶、塑料涂层密封)不同,主要是利用水分子表面张力,使其无法在织物的微细空隙间透过,但空气分子仍旧可以出入。此面料视水的压力大小而有不同类别	卫生性能好、透气散热,改变传统防水服装的沉重、僵硬感	为雨装(防水类)时装化、安全化、卫生化拓展了空间
防燃整理(FR整理)	用石棉、矿渣、玻纤等耐火纤维来织造,整理上以阻燃剂来改变纤维着火时的反应,在遇到明火的条件下,纤维只炭化、不助燃	保护人体在明火环境下的安全	某些防燃职业服(如厨师的围腰)及孩童服装(有些国家已有法律形式规定,孩童服装必须具有防燃性能)的运用

新型整理种类	整理方法(理化处理)	人性价值	设计师关注内容
防霉、防腐整理	用化学防霉剂对纤维素纤维进行整理,杀死或阻止微生物的生长	皮肤卫生保洁功能,对人体健康有益	凡是贴切皮肤的款式,都应考虑此整理的价值
防静电整理	用化学药剂施于织物表面,增加其表面亲水性,防止纤维上积聚静电(尤其是化学纤维,吸湿性很低,表面电阻高,容易积聚静电)	由于减弱了衣服贴附人体及互相缠附时产生的静电值,使着装更有安全性	能自由地穿插、组合人体内、外部服装层次;拓展化学纤维面料的使用范围
减重整理	利用涤纶在较高温度和一定浓度苛性碱溶液中产生的水解作用,使纤维渐渐溶蚀,并在表面形成若干凹陷,使纤维表面的反射光呈现漫射,既形成柔和光泽,又使纤维间空隙增大,而形成柔软、悬垂的性能	减低对人体的压力(10%左右),符合服装卫生与舒适的工程目标	可以在女装、裙装、夏装方面作考虑,追求飘逸的效果

通过对面料新型整理的分析,能看出面料正在向服装人体工程所要求的最佳状态努力。可以这么说,凡是"新潮""全新推出""高科技"服装新品推出,无不与经过各种常规或特别整理有关。今后发展前景,必然要求服装材(面)料最大限度地满足人体工程各个方面的需求,"衣服适应人"既是服装设计、开发者的出发点,也是归宿。

【思考题】

1. 不同的纤维编织法会产生哪些不同的设计效果(请举例)?

2. 试比较天然纤维与化学纤维的性能。

3. 生活中,常见纤维织物对人体的穿着感受有哪些不同的影响(请简单结合自身谈谈)?

4. 什么是最佳纤维的设想?

5. 不同类型、场合的服装对织物纤维的要求有哪些差异?

第六章
服装与人的知觉及其心理系统

人类工程学中除了对客观对象进行量值估价之外,还必须对人的主观量进行估价,主观量与客观量之间存在一定的牵连作用。例如,人对线条长度的知觉与实际长短有视错觉的作用,心理量与客观量不一定相等。在实际的"人—机器—环境"系统中,直接决定操作者行为反应的是他对客观刺激产生的主观感受,为此,心理量估价不可忽略。

"服装—人—环境"系统中的"服装与人"界面,不仅是服装与人体结构、运动、舒适卫生诸方面的生理因素(客观量),还包括服装形态与人的视知觉等方面相互作用的心理系统界面(心理量)。本章是将心理学的原则结合到人与服装界面之中,凭借客观的实例验证,从中获取人与服装界面中的心理经验,然后将之推论到人与服装界面中去应用,以助服装设计师更全面、立体地追求"服装—人—环境"系统的功效业绩。

服装与人的心理系统从三个方面来阐述:

其一,服装与人的知觉心理特征,重点强调人心理知觉历程的客观存在形式中视空间知觉与错觉,它直接作用于人对服装形象的视觉评价与知觉经验。如何在设计过程中驾驭这些内容,以及对服装形态语言的视知觉心理效应等,要作实例分析。

其二,要对色彩的视知觉心理及物理性对服装的作用进行分析,评价色彩运用如何在人的心理作用中更有效绩,使色彩与心理经验维持平衡对应。

其三,人的心理因素与服装界面关系中的标志符号(图形)呈什么关联状态,它们相互之间的作用如何等等,要进行实例分析,促使服装设计师关注具有服装形象"点睛"作用的心理因素。

第一节　服装与人的知觉心理

单纯地对环境中客观事实的客观反应是感觉,而知觉带有相当程度的主观意识和主观解释,知觉是对感觉讯息处理的心理历程。

知觉是根据感觉所获得资料的心理反应,在此指服装形象内容。这种反应代表了个体以其已有经验为基础,对环境、事物的主观解释。知觉也可称为知觉经验,日常生活中我们所获得的知觉经验,是看到的物体周围所存在的其他刺激而影响产生的。例如,同一款式与花纹的服装,穿着在胖、瘦、高、矮、黑、白不同人的身上,给人的知觉经验各不相同。可见知觉经验的相对性,是建立在服装系统界面的心理作用上。

一、知觉心理特征与服装

知觉心理有相对性、选择性、整体性、恒常性、组织性几方面。现对服装视知觉有关联的相对性、整体性作实例分析。

知觉相对性中的知觉对比,是指两种相对性质的刺激同时出现或相继出现时,由于两者的彼此影响,致使两刺激所引起的知觉差异特别明显的现象。例如,穿黑白服装的两人并列在一起,在知觉上就会觉得穿黑衣者愈黑,穿白衣者愈白;同样身材与身高的人分别穿上宽松衫及紧身衣并列,也会使人产生前者偏胖后者偏瘦的知觉。

知觉对比这里只谈视知觉方面,因为它直接影响到服装创造与行为中的心理因素,图6-1-1中居中间的两个圆形半径完全相等,而由于周围环境中其他刺激不同,从而产生对比作用,使人在心理上形成图6-1-1a的中心圆小于图6-1-1b的中心圆。这种由对比而产生的知觉差异现象,形成了图a的圆为躯干图案装饰,而图b的圆有强调胸腹的标志特征,两个不同的知觉对比丰富了不同的设计内容。

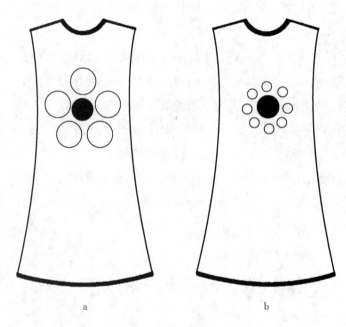

图6-1-1 同心圆在不同环境中的知觉差异

图6-1-2图形中所获得的知觉经验,图a部分是花草枝条的局部,无法肯定它的高度与力量,原因是没有对比的参照线索;图b部分是同样的花草枝条,可根据花草枝条与树形图案的对比,使花草枝条显得张扬无比。可见,知觉对比是两种刺激特征上差异明显时所产生的知觉夸大现象,知觉心理学上也称为错觉。

a   b

图 6-1-2　知觉经验在服装图形中的价值

　　知觉整体性(完形心理学内容)在服装设计的应用中也是常见手段,它在不完整的知觉刺激中形成完整的美感。所谓整体性,指超越部分刺激相加之总和所产生的一种整体知觉经验。正如完形心理学家们主张的,多种刺激的情景可以形成一个整体知觉判断,它纯粹是一种心理现象,有时即使引起知觉的刺激是零散的、破碎的,而由之所得的知觉经验仍是整体的。图 6-1-3 中的图形即是此种心理现象的说明。在该图形中,没有一个形块是完整的,全是一些不规则线、面的堆积,可任何人都会看出,图形明确显示了其整体意义,它由白方块与黑十字重叠,而后又覆盖在四个黑色圆上所形成,这种实际上没有边缘、没有轮廓,可在知觉经验上却是边缘最清晰、轮廓最明确的图形[10]。

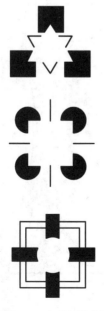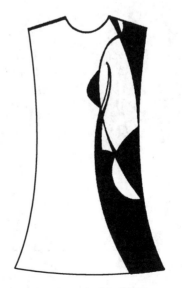

图 6-1-3　知觉经验实例　　　　　　　　图 6-1-4　知觉经验实例

图 6-1-4 虽然是一些线、面的不规则叠加,可是,观察者却看到了变形的、若隐若现的女性背部形体,产生这种经验,充分说明了整体性建立在视知觉超越部分刺激之总和的经验,服装设计师巧妙地驾驭这个知觉整体性,事半功倍地丰富了设计语言,在形式上给人以联想的经验及脱俗的境界。

二、知觉中错觉现象

心理学知觉历程中包含空间视知觉、空间听知觉、时间知觉、移动知觉、错觉等方面,视错觉是与设计美学关联最紧密的部分。所谓视错觉,是指凭眼睛所见而构成失真的或扭曲事实的知觉经验。这种知觉经验维持观察者不变的心理倾向。

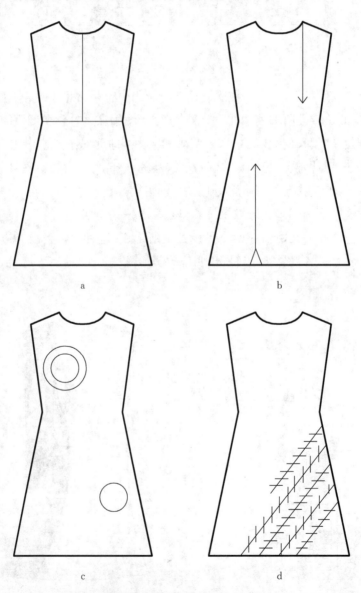

图 6-1-5　视错现象在服装中的运用

错觉现象形成的真正原因，至今心理学家仍未有确切定论，况且作为服装创造者来说，没有必要为此深究，需要关注的是明显的错觉现象如何合理地渗入到艺术形态创意中去。

图6-1-5a横线与竖线长度相等，当竖线垂直立于横线中点时，竖线看起来显得较长，在造型上使胸部有纵深感。

图6-1-5b缪莱尔氏错觉现象，两条竖线一样长，唯以两端所附箭头方向不同，上线箭头内收，下线箭头外扩，视觉上显示下线较长，上线较短而使形体有耸立感。

图6-1-5c戴氏错觉现象，上左侧内小圆与下右侧圆直径相等，但两者看起来不等，下侧圆比上侧内小圆要小，有趣味性。

图6-1-5d左氏错觉，当数条平行线各自被不同方向斜线所截时，看起来即产生两种错觉：其一是平行线失去平行；其二是不同方向截线的深度似乎不一样，对于设计中淡化形体轮廓有帮助。

知觉中的错觉现象可以修正人体形态，通过错觉原理使人的形体显胖或显瘦、显高或显矮，这方面的处理在事实上已为服装设计师或着装者自觉或不自觉的运用了。例如，模糊垂直水平线，增加人体在视觉上的宽度而显丰满；强化人体下肢部垂直线，回避褶裥与裤口卷边而显形体修长等等。这里要明确的是错觉修正人体形态的态度，即注意视错觉经验的积累，善于用图形、色彩来表示错觉现象，尊重视知觉中错觉的失真判断，将失真判断融合到服装设计中去，在不合理中见合理。

三、视知觉学习与经验对服装的价值

视知觉经验的获得，除了依靠视觉感应的生理功能吸收信息之外，还靠个人对引起视知觉刺激情境的主观解释。这个主观解释受个人以往经验的影响，而经验来自视知觉生理条件与视知觉的学习两方面。在人的视知觉中，未加学习的知觉是最基本的，它也许会对情境中刺激物视而不见，所以，视知觉学习对服装创造更有价值。例如，女性穿着白色曳地长裙并头披纱巾、手持鲜花，你能确立它是婚礼形象的符号；挺括的西装三件套在人们心中确立"有成就的男人"形象等，都说明构成视知觉的刺激情境是具有符号性的，并带有特别意义。在经过感觉获得这些信息后，从事视知觉解释时，必须依赖学得的经验来帮助。例如，对于图6-1-6的上排，你会看成A、B、C、D、E、F，并对第二个字母确定为B；而把下排的第四个符号看作13，事实上"B"与"13"在字形上是一样的，这是由于观察者面对眼前情境唤起不同的经验所致[11]，它是建立在观察者以前学得的两种知识上。没有以往学习经验的积累，不可能在排列顺序上出现不同的视知觉判断。由此而联想到服装界面，人们经常落入名牌、名品的仿冒圈中，正是人们在选用服装时，被日常品牌的宣传所诱惑，而自觉或不自觉地确立符合于这种学到的经验，而奸商利用了这种人们在心中的积极期待与学习经验，在视知觉上仿摹名品名牌，使包装、商标维妙维肖，使消费者误入圈套。再如，服装动机

中的仿摹某明星、某名人的风格样式的行为,更是建立在人们对所追摹的对象日积月累的视知觉影响上(媒体的攻势等),而使仿摹者在选择自身装扮的心理知觉定位中,有意识地寻求昔日的学习经验而导致追随行为,设计师应关注这种视知觉经验对服装行为的作用。

A,B,C,D,E,F
I0,II,I2,I3,I4

图 6-1-6　不同情境状态下的视知觉差异

四、服装语言基本形态与知觉的心理效应

服装形象由语言形态按不同的设计和形式语言调度、组合而成。组合中的语言基本形态具有可视、直观的特性,在设计主体和设计对象(客体)中,他们总会受学习到的经验影响,在对不同的基本形态知觉中唤起不同的心理经验,在形象与知觉心理的作用过程中产生不同的服用效应。

这里介绍点、线、面形态在服装中的心理效应(表 6-1-1、表 6-1-2、图 6-1-7),对它们之间具体的设计处理(造型设计)不作分析。

表 6-1-1　点在服装构成中的心理效应

外观	变　化	形　象	心理效应	运用方式
轨迹	a. 圆	●	集中、概括、标志尺寸、软、不稳定	扣、装饰祥、贴饰、缉线
	b. 不对等圆	◕	优雅、湿润	同上
	c. 同心圆	◉	视错、丰富、节奏感	同上
	d. 曲直相间	◑	包含、统一变化	同上
方向	a. 水点	◗	滋润、优雅	图案、装饰形
	b. 仿宋点	◣	多变、力量	同上
	c. 角形点	 ◥	别致、节奏感	扣饰、装饰形
	d. 倒三角	▼	力量、刺激、运动	同上
	e. 折线点	 ⚡	运动、警告、力量	同上

外观	变　化	形　象	心理效应	运用方式
连续	a. 蝶形点	▶◀▶◀▶◀	断续、偶尔、随意	图案、装饰、佩饰
	b. 大小圆	●●••	环绕、节奏感	图案、装饰带、佩挂件
层次	a. 垂直圆点		虚渺、隐匿、松弛	图案
	b. 水平圆点	●●••	同上	同上
平整状态	a. 对等星角	★	严谨、力量、思想性	图案与装饰、佩件
	b. 不规则星形		占领、打碎、反常态	图案
			同上	同上
形态性	a. 椭圆	⬮	标志感、说明、强调	扣、图案与装饰
	b. 瑞果纹（火腿纹）		雅致、活力、古典	同上
	c. 盘扣形		传统、雅致、女性味	同上
	d. 贝壳形		优雅、造作、活力	同上
			同上	同上
	e. 万字形		传统、对应、力量	图案
	f. 花形		生命、热闹、自然感	图案与装饰
			同上	同上
			同上	同上
	g. 心形	♥	象征性、忠诚性	同上

表 6-1-2　线在服装构成中的心理效应

外观	变化	形象	心理效应	运用方式
轨迹	a. 直线	——	挺、硬、直接、紧、讲究、肯定、稳重、阳刚气概	线缝、边、轮廓、折边、褶、结、装饰、裥、穗饰、几何形、条纹、嵌镶
	b. 适度曲线	⌣	软、优雅、弹性、女性味、松	线缝、服装边缘轮廓、服装折边、装饰线、悬褶、织物图案
	c. 半弧线	⌣	动力、女性味、青春活力、力量、不稳定	线缝、服装轮廓、环箍边、图案
	d. 弯线	⌣	力量与优雅的结合、限制曲线的柔软度	装饰
	e. 锯齿线	∿∿∿	陡峭、险峻、紧张、急冲、不稳定、错误、痉挛、激动	平面装饰图案、缝线装饰、边
	f. 环线	ℓℓℓℓℓ	绕旋、活力、软、女性味、忙碌、弹性、不肯定	缝线装饰、织物图案、边饰
	g. 浪线	∼∼∼	女性味、流动、优雅、感应、柔软、不确信	线缝与服装边、织物图案
	h. 扇形线	⌣⌣⌣	曲、软、弯、女性味、青春	同上
	i. 折线	∧∧∧	锋利、急速、规则、尺寸、打断、紧、硬	服装边缘、织物图案、装饰、Z 字形花边
	j. 卷曲线	∞∞∞	复杂、包含、粗	茑苣边、织物图案、装饰
厚度 / 长度	a. 厚、短	▬	力量、过分、肯定、尺寸	边、装饰、图案、结构细节
	b. 细、长	——	精细、女性、优雅	缝、边、装饰、图案、结构细节
平坦状态	a. 不平坦	∿∿∿	不稳定、肥、扭曲、疑问	装饰
	b. 平坦	—	固定、平滑、规则、尺寸	缝线、边缘、结构线、划分线、褶、裥、装饰
连续	a. 连线	——	继续、肯定、确信、优雅、平滑	缝线、裥、悬垂线、装饰、条纹线
	b. 分割线	— - —	基本确立、打断、随意	装饰线、腰带、分割结构、排扣
	c. 点线	·········	打断、强调、说明、随意	珠饰、穗饰、挂件图形、织物图案
	d. 组合	⋈⋈⋈⋈ ▽▼▽▼▽ ∧∧∧∧	生机、无尽、包含	花边、边缘、结构图案、腰带
边	a. 分明	——	肯定、终结、锋利	缝、边、结构图案、结、条饰
	b. 模糊	〰〰〰	软、不肯定、否定、建议、猜测	皮毛、辫、结构装饰、羽毛
方向	a. 垂直	∣	加强、稳定、确立、耸立、通过、沿伸	随意
	b. 水平	—	通过、沿伸	随意
	c. 对角	∖∖∖∣	活力、扩展、渗入	随意

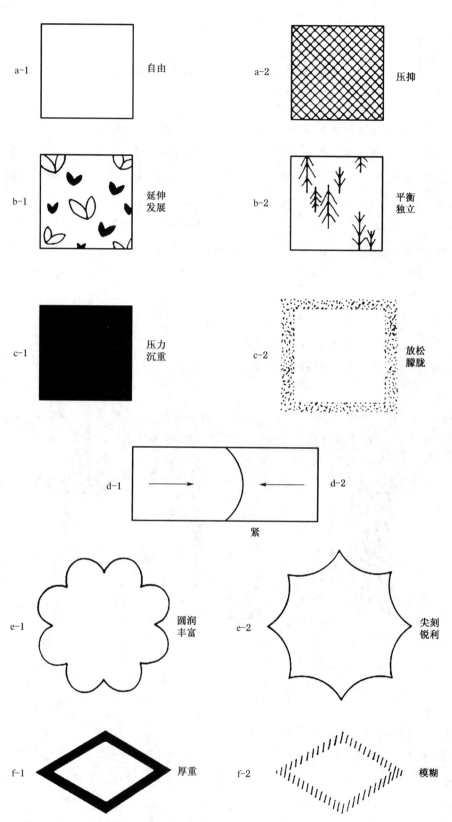

a-1 自由

a-2 压抑

b-1 延伸 发展

b-2 平衡 独立

c-1 压力 沉重

c-2 放松 朦胧

d-1 → ← d-2

紧

e-1 圆润 丰富

e-2 尖刻 锐利

f-1 厚重

f-2 模糊

图 6-1-7　基本形态与知觉心理效应

第 六 章

107

服装与人的知觉及其心理系统

思考与实践:

视知觉在服装设计中的价值体现

■ **案例一　斑马纹的重新运用与组合**

　　斑马纹在时尚潮流中一直是永不褪色的经典。街头最常见的就是这种全身都是斑马纹的修身打底衫。它的优点在于避免了三维的表现,方便搭配。同样,缺点也较为明显:视线没有聚焦点,虽然避免了三维的表现,却没有很好地起到修饰作用。另外,斑马纹蜿蜒曲折的排列方式也是可以好好利用的。

　　图6-1-8a是针对体型偏胖的人设计,将斑马纹进行纵向排列,在视觉上起到了拉长的作用。利用纹样形成一条看不见的边界,把衣服分成三部分。人们的视线一般会在中间聚焦,两边的空白部分就被忽略掉了。心理上,人的身材和斑马纹覆盖的这个面积就呼应起来。起到了瘦身的效果。

　　图6-1-8b是针对体型偏瘦的人设计,将斑马纹进行横向排列,在视觉上起到拉宽的作用。利用纹样形成一条看不见的边界,把衣服分成三部分。白色具有膨胀的效果。而两边醒目的斑马纹使视线向两边扩散,迷彩的弯曲线条模糊了衣服的轮廓线,身材也就在一定幅度上加宽了。

　　图6-1-8c是一个假围巾的设计,直接把斑马纹作为一个配饰印在衣服上。我们第一感觉这是一条围巾,然后才发现这只是一个图案,带来一种感官上的新奇感。

a　　　　　　　　b　　　　　　　　c

图6-1-8

（实践人:梁云超）

■ **案例二　领型设计对脸型修正的整体思考**

　　服装领口能修饰脸型,不同的脸型有不同的领口相匹配这样才能使脸型在最大程度上得到修饰的。为何一个领口能起到这样的作用,这与视知觉心理有很大的关系。视觉能让领口修饰不足的脸型,让不同的脸型看上去富有个性。这是一种视觉心理。

　　利用视错觉这一点,能让脸型与不同领口搭配来起到修饰作用。而领口是服装与脸的分割线,这条线的弧度决定了对脸的影响。

把脸型看做一个面,而领口外轮廓就是分割线。面对于线,或线对于面都相互影响着。领口作为分割线给脸型呈现了不同的效果,有些能衬托脸型,模糊有缺陷的脸型,而有些会让不完美的脸型更加展露缺陷。

就领型和脸型在视觉上的错觉,能在最大力度上调整和修饰脸型,能让不同的脸型发挥不同的魅力。

(实践人:江闻婕)

第二节 人对服装色彩配置的心理反映

一、色彩心理效应与服装表现性

色彩(颜色)感觉由不同波长的光而引起(表6-2-1),因人眼对各种不同波长光的感受性不同而产生不同的色感,不同色感由于大脑作用而产生具有某种情感的心理活动。色彩在视知觉的通讯工具中得到的是表情,是视知觉传递感情的重要因素,并且左右人的情绪与行为。

表6-2-1 各种颜色的波长和频率

颜色	波长(nm)	频率(Hz)×10^{14}
紫	400	7.5
紫蓝	450	6.7
蓝	480	6.2
蓝绿	500	6.0
绿	540	5.6
黄绿	570	5.3
黄	600	5.0
橙	630	4.8
红	750	4.0

色彩生理与色彩心理既互相联系,又互相制约,在有一定的生理活动时会产生一定的心理活动;在有一定的心理活动时也会产生相应的生理活动。例如,一位女士总是在穿着上运用纯度与明度很高的橘红色,此色产生温暖、明亮、刺激与冲动的心理感受,但长时间接受这种橘红色的刺激,会使人产生心理上的烦躁,而在生理上寻求平和、清静、素雅的蓝(冷)色可补充平衡,可见,色彩的视觉舒畅、和谐与生理上满足(平衡)和心理(对应)相关。

色彩影响人的心理活动包含单纯性与间接性心理效应两种不同的心理反映。

二、单纯性心理效应与服装色彩

单纯性心理效应是由色彩的物理性感应直接产生的某种心理效应,这种物理性刺激感应具有即时性,刺激消失,心理感应也消失。

从生理学色光作用于人的感应来看,每一种色彩都发出一种作为主体的电磁波,电磁波经过人的视神经渠道到达果腺与脑下垂体,以一种直接刺激的方法激发人的感应,通过感应产生心理反映。例如,医疗环境中的服装色彩(医生及员工)首选淡色系、白、淡绿、淡粉红、奶白等,回避深重、艳丽的色系,其目的在于轻快、淡雅的色彩能减弱带给病人的色彩刺激而产生洁净、平静的心理效应。我们从心理学的试验与例证中已经察觉到情感受色彩的诱导,并因色彩种类不同而异。如"红黄色能唤起富有力量、精神饱满、野心、欢乐、决心、胜利等情绪""紫色是一种冷红色,不管是从它的物理性质上看,还是从它造成的精神状态上看,它都包含着一种虚弱的和死亡的因素……"[11]。下面通过一些主要色相(色彩相貌)来认识色彩性格所具有的客观表现潜力和在服装上的表现效果。

(1) 红色:从颜色波长表可以看出红色的波长最长。它的明度虽然偏低,但最纯净、鲜亮而极富光彩,在视觉上有扩张感与刺激性。红色的心理效应对服装的作用过多地体现在红色色域的变化上,一旦红色经淡化或暗化(纯度减弱、明度降低),或加入其他色相,或改变与其他色相的对比条件,都将在视觉感应上有相应的调整。例如,将红色加黑向暗色方向发展,则变得坚硬、沉稳而减弱了饱和红色的刺激程度,适宜成年男性服装的配色。

注意红色在视觉上有迫近感与扩张感,而产生强烈的心理作用,在运用中宜慎重,可取的手法是对其进行变调处理,在暖与冷、明与暗、鲜亮与模糊之间和其他色彩进行广泛地变化,并在变化中体现红色的个性特征。

(2) 橙色:橙色亦称为橘红(黄)色,它的波长仅次于红色。心理学的测验表明,它能使人的血液循环加速。由于橙色是红色与黄色的混合体,最具视觉扩张感和温暖、明亮、辉煌华丽的心理感应,同时,它在空气中的穿透力仅次于红色,注目性极高而经常成为标志与讯号色。然而橙色经不住其他色彩的界入,尤其是白色,一旦白色与之混合它就会显得苍白无力;黑色与之混合又显出模糊、阴沉的褐色,设计配色中要谨慎处置。

橙色在服装中单独使用较少,与它的视觉刺激强度有关,一般橙色作为与其他色彩搭配、修饰之用,或者降低纯度。橙色在特殊的职业装中富有使用价值,它的明亮与辉煌可作为团队引导员、运动员的服装色彩,发挥它的标志性作用。

(3) 黄色:在可见光谱中,黄色的波长居中,在光亮度上它是色彩中最明亮的色,有尖锐感与扩张感。但缺乏深度与分量感,它一旦与无彩色接触,就会立刻失去自己的光度,尤其对黑色十分敏感,哪怕是少量黑色也会改变它的色性而向绿色转换。而在黑色底上的黄色,却达到最强烈的视觉刺激。

黄色在服装中的运用要根据着装者的条件而定,主要是与皮肤色的呼应问题。对于肤色偏红或偏黄的人,要回避黄色,不然色相上的同一会使整体形象灰暗阴沉。单纯的黄色在服装中运用,会显现出特殊的心态,如表达人的宗教信仰、强烈的性感表现欲等。

(4)绿色:人的视觉对绿色的反应最平静,它具有青春、生命、自然、成长的象征。它的色彩转调领域非常宽,可从多种不同的表现潜力中显露它的表现价值。如绿倾向黄产生自然界的清新,显示青春的力量,使心境舒坦;绿倾向蓝成为冷色的极端,产生稳定、端庄的效果。

服装中的高纯度绿色有着象征性,成为邮政与军界(伪装功能)服装的符号。日常生活服装中运用绿色,应注意和白色、米色、浅灰色的搭配,减弱它过于平静、中庸的性格。

(5)蓝色:可见光谱中,蓝色波长较短,在冷暖感方面,蓝色是冷色的代表,与红、橙色形成鲜明对比,呈消极、内在、收缩的效应。蓝色以悠远深邃感而体现理性与神秘。

蓝色在色彩对比处理中具有多变性,例如,黑色底上的蓝以纯度力量呈闪烁状;黄色底上的蓝呈深沉状态;褐色底上的蓝因变得强烈的视觉颤动而生动。蓝色的性格也具有较宽的变调领域,康定斯基将蓝色比喻为:"浅蓝色类似笛声,悠扬又明晰;深蓝色像大提琴声,深沉而动听;更深的蓝就显示出低沉的音色,犹如那永远也倾叙不完的苦闷一样,沉痛而又悲哀"[12]。

蓝色在服装中的运用率最高,既作主色系,也作配色之用。原因在于蓝色易与其他色协调,它在不同明度与色相配置中均能产生不同的有效心理反映。例如,蓝、白相间的洁净、精干、生动适合于青少年;蓝色淡化后与明亮的绿、黄相配产生凉爽、轻快的心理反映而作用于夏装;暗蓝色的爽快、刚毅适应于男、女套装;灰蓝色的稳重广泛合乎成年人服装理性、超然的心理要求。

(6)紫色:紫色是可见光谱中最短的,色彩明度也最低,相对于黄色的知觉度而言,被称为非知觉色彩,它的暗度在表现效果中有一种神秘感。紫色纯度越高,华丽感越强,在华丽中透出热情;紫色偏向蓝紫,有冷艳的非世俗意象;紫色暗度降低有雅致、深沉、潇洒的意象。

紫色对服装来说,是成人的色彩,根据有关调查测试,40岁左右的知识女性对此色最具支持率。紫色适合于成年女性,与紫色所具有的高贵、沉稳、神秘有关。紫色在服装中运用要结合其他条件因素,如皮肤(肤色)条件、配色效果等,处理不当很难出效果。例如,紫色不宜为偏黄、偏黑肤色的人使用;男性不宜选用淡化后的紫色(有脆弱的女人气);穿着紫色要讲究面积的适中并在妆面上与之协调等,此乃设计美学中涉及的问题,恕不展开。

(7)黑、白、灰色:黑、白、灰对于设计师来说,是中性色,能广泛地适合于其他色彩,同时也能独立体现价值。黑色低明度的特征使之具有庄重、坚硬、牢固的机械感意象;白色具有集所有色彩成一体和空虚、单调的双重性格;灰色出自黑白之间丰富的层次,而具有平稳、谦逊、温和的性格。

黑、白、灰在服装中被广泛运用,从内衣到外套、从单一使用到搭配处理均可。

黑色作为礼服色彩，显示庄重严谨；作为休闲服色，显示简约、现代的时尚。

白色是夏季服饰首选色彩，清爽洁净具有单纯意象，尤其适合年轻人及儿童。以白色为主的服色搭配适合中青年选用。

灰色的使用范围很广，对成年人最为恰当，其沉稳、庄重的性质体现成年人成熟持重的心态。灰色也是劳动防护服的主要色彩，耐脏耐污并给人带来安然平和的视觉感受。

单纯性色彩所具有的抽象感情及服装运用范围（表6-2-2）。

表6-2-2 色彩的抽象感情与服装运用范围

色彩	抽象感情	服装运用范围
红	喜气、热情、兴奋、恐怖	女装、搭配用色
橙	火热、跃动、温暖	标志服、安全服、搭配用色
黄	光明、快乐、醒目	标志服、搭配用、宗教服
绿	青春、和平、安全、新鲜	女性套装、女裙装、童装
蓝	宁静、理智、寂寞	制服、男女套装、广泛
紫	优雅、高贵、忧郁、神秘	晚礼服、中年女装
黑	庄重、严肃、悲哀	套装、礼服、广泛
白	洁净、神圣、安静、雅逸	内衣、夏装、广泛、医用服装
灰	高雅、谦和、沉着	职业服、套装、广泛

三、间接性心理效应与服装色彩

色彩单纯性心理效应是以各种刺激因素直接作用的心理因素，随着刺激的消失，色彩心理效应也随之消失。根据心理学的知觉历程内容，这种单纯性的心理效应成了知觉经验，以多种感觉的统合姿态出现，激起更鲜明、强烈的心理感应。由此而产生的建立在视知觉学习经验之上的心理效应被称为间接性心理效应。间接性心理效应是单纯性心理效应派生出来的复杂心理效应，对于这种复杂心理效应产生的生理条件，心理学家至今仍未全然作出确定的分析，仅是以心理学上的共认来解释这个现象，作为服装设计师更没有必要去完成心理学家研究的课题，只不过借用于现有的心理学知识来洞察色彩效应与服装的关联和牵制内容。

正因色彩间接性心理效应是建立在视知觉学习经验之上的，是视觉信息与学习经验之间形成的同构关系，当这种同构关系复活时，就产生了联想——参照以前的经验、印象产生的新认识。由于联想的作用，新的认识以一种更为丰富的形式体现出来。例如，我们看到紫红色的礼服，会由该色联想到与它有关的其他事物，像紫藤、茄子、优雅、高贵，"紫藤、茄子"即具体联想；"优雅、高贵"是抽象联想。

在服装设计中，掌握并顺应人的各种联想颇为重要，它能在心理上寻求对应、关照（表6-2-3）。

表 6-2-3　色彩联想[13]

颜色＼观察者＼类别	色彩具体联想				色彩抽象联想			
	小学生（男）	小学生（女）	青年（男）	青年（女）	青年（男）	青年（女）	老年（男）	老年（女）
白	雪、白纸	雪、白纸	雪、白云	雪、方糖	洁净、神圣	清楚、纯洁	洁白、纯真	结白、神秘
灰	鼠	鼠、阴天	混凝土	阴天、冬天的天空	忧郁、绝望	忧郁、郁闷	荒废、平凡	沉默、死亡
黑	木炭、夜	头发、炭	夜、墨	墨、西服	死亡、刚健	悲哀、坚定	生命、严肃	忧郁、冷淡
红	苹果、太阳	郁金香、苹果	红旗、血	口红、红靴	热情、革命	热情、危险	热烈、卑俗	热烈、幼稚
橙	橘、柿	橘、胡萝卜	橘橙、果汁	橘、砖	焦躁、可爱	下流、温情	甜美、明朗	欢喜、华美
茶	土、树干	土、巧克力	皮箱、土	栗、靴	幽雅、古朴	幽雅、沉静	幽雅、坚实	古朴、朴直
黄	香蕉、向日葵	菜花、蒲公英	月亮、鸡雏	柠檬、月	明快、活泼	明快、希望	光明、明快	光明、明朗
黄绿	草、竹	草、叶	嫩草、春	嫩叶	青春、和平	青春、新鲜	新鲜、跳动	新鲜、希望
绿	树叶、山	草、草坪	树叶、足球场	草、花枝	永恒、新鲜	和平、理想	深远、和平	希望、公平
青	天空、海	天空、水	海、秋天的天空	海、湖	无限、理想	永恒、理智	冷淡、薄情	平静、悠久
紫	葡萄	葡萄	裙子	茄子、紫藤	高贵、古朴	优雅、高贵	古朴、优美	高贵、消极

（注：色彩联想与观察者生活经历、修养、知识结构有关。）

色彩间接性心理效应还涉及人受色彩刺激产生的各种各样感情反应，即色彩感觉。色彩感觉与色彩联想一样，因年龄、性别、职业、文化程度等不同，对感知的色彩感情也不相同。在服装设计中，一般根据人们对色彩感知的共性点来考虑色彩的感性效果，而在配色上溶入色彩感觉内容。

色彩感觉包括冷暖、轻重、进退、胀缩、软硬、华丽与质朴等方面，产生这些感觉与色彩的色相、明度、纯度有关。例如，明亮的色感觉前进，深暗色感觉后退；纯度越高越华丽，纯度越低越质朴（表 6-2-4）。

表 6-2-4　色彩感觉

色彩感觉	色　相	明　度	纯　度
冷	青、青绿	/	/
暖	红、橙、黄	/	/
进	/	高明度	高纯度
退	/	低明度	低纯度
胀	/	高明度	/
缩	/	低明度	/

色彩感觉	色　相	明　度	纯　度
软	/	高明度	中纯度
硬	/	低明度	高纯度、低纯度
华丽	红、紫红、绿	高明度	高纯度
质朴	黄、橙、青紫	低明度	低纯度
轻	/	高明度	低纯度
重	/	低明度	高纯度

　　服装配色循着色彩感觉的客观心理反应，有意识地、有目的地考虑它与服装配合的综合关系，如色彩与人的肤色、色彩与人的形体修饰、色彩与年龄等感觉效应（表6-2-5～表6-2-7）。

表6-2-5　肤色与适宜的服装色彩

肤　　色	适宜的服装色彩处理
偏　　白	奶白、紫色、咖啡色系列，广泛适应
偏　　黄	粉红、红、黑、白、黄绿、藏青
偏　　红	白、奶黄、高明度色
偏棕(红黑)	高明度、高纯度的艳丽色彩，如橙、橘红

表6-2-6　年龄与适宜的服装色彩

幼童	青年	中年	老年
娇嫩明亮的高明度、高纯度色彩、黑白搭配	灰色系列、高明度、高纯度系列、流行色系	黑、深灰、深蓝、上下装同类色或同一色	暖灰色系列、深色系列明快的高纯度色(女)

表6-2-7　色彩修饰人体形态的运用内容

色彩运用	色彩运用后的形体修饰感觉	其他辅助处理
明度低、纯度低、冷色系	由胖使人显瘦	花型图案直条、小格、小花
明亮色系	由瘦使人显胖	花型图案横、斜条、大花、大格
中明度、暖色	由矮使人显高	上下装色彩统一，回避两截式
上装明亮、下装暗色	使臀部显窄	/
下肢部色彩统一的中明度、低纯度色	使短腿显修长	鞋与袜色彩与裤子色一样
躯干中部低明度、低纯度色	使粗腰显得纤细一些	腰部色彩不要与上装色彩呈对比处理

思考与实践：

服装色彩配置对人心理影响的思考研究

■ **案例一　比赛服色彩视知觉的心理研究分析**

　　颜色对参赛者存在潜在的心理影响。颜色，尤其是红色和橙色，常常标志大多数有机体的进攻和主宰信号。心理学研究也表明，颜色会影响一个人的情绪、行为、大脑活动，甚至是体态。可能正是出于这些原因，在许多类运动中，身着红色运动服的运动员常常比着蓝色运动服的运动员来说更具胜利偏见。另一些研究则发现，身着黑色队服的足球和曲棍球队员会比着其他颜色队服的队员受到更多罚球。

　　在体育运动中，色彩都以其鲜明的特点，渗透到体育运动中的方方面面，影响着运动员运动潜能的发挥。杜伦大学研究组的 Russel Hill 对 2004 年雅典奥运会 4 个项目（拳击、跆拳道、古典式摔交、自由式摔交）的结果进行了分析，在随即分配，红、蓝两色的比赛中，穿戴红色服装或装备的选手赢得比赛的几率是 55%。而更有意义的一项统计是在最终比分接近的比赛中，有超过 60% 的获胜者为红方。

　　哈尔伯达说："研究表明，同一种颜色使得人们能够突破常规极限，因为'色彩标志'能让人将不同的个体视为一个整体。所以一般在体育比赛中，不同团队穿不同颜色的衣服以便区分。"

（实践人：景沁）

■ **案例二　色彩与交通安全的双向思考**

　　色彩的不同对汽车驾驶员和行人的心理所起的作用不一样。交警、环卫工人等这些经常活动于马路工作的人的服装颜色安全性是十分重要的。

　　交警服通常是黑、白对比色。外穿带反光条的马甲。而环卫服则是用了橙色安全色加反光条。马路上，身着橙黄色环卫背心的环卫工特别醒目，他们穿的鲜艳的橘黄色是想提高司机的注意力。橙色具有扩张感、紧迫感，穿透力强，可以避免许多环卫工人发生不必要的交通事故，为他们的安全着想。

　　橙色虽然安全，但是这样颜色鲜艳的环卫服也为环卫工人们带来了麻烦。有报道说身着橙黄色环卫背心的环卫工惹来带刺的蜜蜂。华中农业大学植保专家王就光教授说，不少昆虫对特定的颜色具有趋光性。

　　对此，经过反复科学验证，一线环卫工人作业时必须穿着橙色背心，这能有效提高行驶中驾驶员的注意力，确保环卫工人身安全。

（实践人：景沁）

第三节　服装标志图形与心理因素

服装标志图形是传递服装信息的符号,如商标、贴标、标识,它们起着揭示服装内涵的作用。在以小见大、以神传形中折射出服装的品质、类别、使用范围、价值取向、消费层面等内容。例如,图6-3-1a中的图形赋予人童趣的感受,能判断它是孩子们的宠物,是优质童装的代表,并需有一定的经济能力才能承受等综合的心理反映。

　　　a 童趣化的服装图形　　　　　　b 以标识图形来说明服装类别

图6-3-1　标识传达品牌信息

服装标志图形有一个最基本的要求,就是使人们容易理解这些图形的涵义。例如,熨斗图形中打上"×"表示此服装不宜熨烫,一目了然,容易理解,这是单维视觉编码的作用。所谓"单维视觉编码",是指用刺激物的单一视觉属性传递信息的编码[13]。单维视觉编码的刺激属性有色彩、形状、大小、闪光、线长、亮度、数字、字母等。例如,图6-3-1b和图6-3-2中"三支交叉的枪"和英文"Y·S·L"分别表示"内衣""高级时装",即是由标识图形对服装类别进行编码的说明。

图6-3-2　标识来表明服装品牌的个性

服装标志图形的心理因素,以关注单维视觉编码为主,因为服装设计造型以形态与色彩产生视知觉的表象感应。例如,"米老鼠"的形态与"顽皮""童趣"的心理感应对应。要达到对标志图形的理解,必须符合人的知觉特点与心理适应性。在此举例说明如何按照人的知觉特点与心理感应对应来改进(完善)服装标志图形的设计。

图6-3-3a符号标志要求鲜明醒目,清晰可辨。服从于这一要求,服装标志图形要使主题突出,左侧图中的横线位于背景中央,主题突出,充分地显示"平放晾干"的指示内容。

图6-3-3b强调块面。块面比线条更有效应。左侧图的视觉冲击力强于右侧,就在于实心块面力量大于空心轮廓。

图6-3-3c闭合环绕的图形加强视知觉的过程,在心理感应上有完整、顺贴的反映。

图 6-3-3d 简明。服装标志图形如同其他门类的标志图形一样,简洁概括为最高境界。左侧"耐克"运动服的标志,包含着有利于理解它涵义的特点,如"运动""认同""上升"等心理反映,而右侧的图形就显得琐碎、整体性不强。

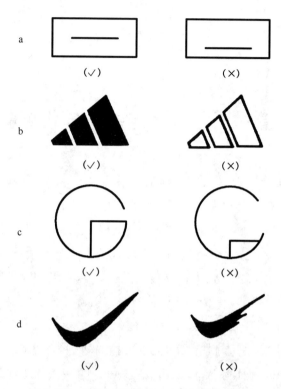

图 6-3-3　服装标志图形结合人的知觉特点分析

强调标志图形的视觉冲击力,在鲜明醒目、清晰简明的处理中,协助人们对服装内涵的理解,并符合人们心理对图形信息特定适应性的评价。至于图形的具体美学设计要求不在本书陈述之列。

【思考题】

1. 什么是服装工程学中的知觉心理?

2. 知觉心理的认识在服装设计中有哪些重要性(举实例说明)?

3. 为什么说知觉心理具有相对性?

4. 请简单设计一款具有瘦身图案的长袖 T 恤(结合知觉心理的内容)。

5. 知觉心理与视觉错觉的关系是什么?

6. 色彩对人类心理在服装设计领域中有哪些影响?

第一节　人体形态与尺寸测量

人体形态与尺寸测量是服装人体工程学的重要内容。出自服装舒适、合身、提高人体机能的工学要求，需要有确切的人体参量来为服装创造作保证，否则不可能使人体与服装合理地匹配。

服装人体测量所关注的人体参量，与广义的人类工程学有所不同，它偏向于为服装产品服务，包括人体尺寸、体表围势、人体高度、宽度、人体的生物物理特性（生理属性，如体温、发汗、呼吸）的测定。主要介绍人体（活体）尺寸的测量，直接为创造服装形态的数据参量服务，力求切合实用，提高服装的品质与效益。

至今为止，人体测量以马丁测量法和莫尔拓扑法两种为常用方法，这两种方法各有所长。马丁测量法（Martin）是国际认同、应用最广的一种直接接触人体的测量方法，表现在对人体体表各部位骨点之间的线性尺寸，用各种测量器，如直脚规、弯脚规、直脚式平行规、测高仪、附着式量角器、皮尺、水平定位针、关节活动度测规等来完成。莫尔拓扑测量法是20世纪70年代发展起来的一种新的光测方法，它是由美国的米托斯（D. Meadows）和日本的高崎宏于1970年创立的。此方法的原理是根据两个稍有参差的光栅（帘子似的格子）相互重叠时产生光线几何干涉，从而会形成一系列含有外部形态信息的云纹来进行测量，它是一种非接触性的三维立体计测方法。比起马丁测量法的一维计测方法来，可以定量地正确表现乳房、躯干的形状和大小。

马丁测量法为直接测量法，是服装设计师最为实用的计测方法。尤其在高级时装中，通过直接的人体尺寸测定，可以将所测的数据资讯（参量）运用到成衣设计、制作中去，使服装与人体在参量上维妙维肖；另外，对批量的服装生产，可以将测量的人体尺寸进行统计，再按体型分类，最后得出不同参量的尺码档次而服务于生产。

一、人体测量要求

人体尺寸有两类，一类是静态尺寸，也称人体结构尺寸；另一类称动态尺寸，又称功能尺寸。对于服装的人体测量尺寸，一般以静态尺寸为主，有以下一些测量要求。

1. 基本姿态:被测者采用立姿或坐姿

(1) 立姿:被测者挺胸直立,平视前方,肩部松弛,上肢自然下垂,手伸直并轻贴躯干,左、右足跟并拢而前端分开,呈 45°夹角。

(2) 坐姿:被测者挺胸坐在被调节到腓骨头高度的座椅平面上,平视前方,左、右大腿基本平行,膝弯成直角,足平放在地面上,手轻放在大腿上。

2. 测量基准面

在人体测量时,为了说明人体各部位在空间的相对位置以及某项测量是在哪一个基准面上进行的,无论是体宽还是围势。对人体测量中常用的几种基准面有如下规定 (图 7-1-1)。

(1) 正中矢状面:人体分成左、右对称的两部分,是人体正中线的平面。

(2) 矢状面:所有与正中矢状面相平行的平面(切面)。

(3) 冠状面(亦称额状面):与矢状面成直角的,把身体切成前后两半的面。

(4) 水平面:把身体切成上、下两半并与地面平行的面。

(5) 穿内衣的被测者:如果是穿内衣测量,女性应去掉胸罩,男性应穿紧身三角裤。

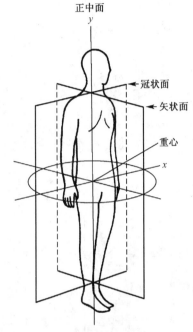

图 7-1-1　人体的测定基准面

二、体部高度的测量

体部高度的测量以立姿、坐姿为主,立姿与坐姿方法按前面测量要求。

1. 按图 7-1-2 逐项分析正面立姿高度[1]

① 举手时人体总高度。中指指尖上举,与肩垂直;

② 中指指点上举高度;

③ 颈根高;

④ 肩峰高;

⑤ 腋窝前点高;

⑥ 乳头高;

⑦ 髂嵴高;

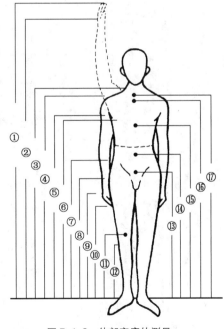

图 7-1-2　体部高度的测量

⑧ 大转子高；

⑨ 中指指点高；

⑩ 中指尖高；

⑪ 膝高；

⑫ 腓骨头高；

⑬ 耻骨联合高；

⑭ 脐高；

⑮ 胸骨下缘高；

⑯ 胸骨上缘高；

⑰ 颈窝高。

2. 按图 7-1-3 逐项分析侧面立姿高度

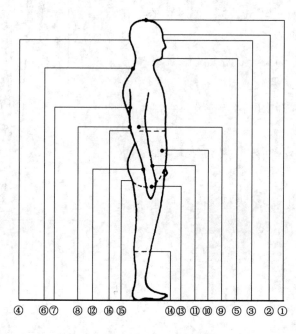

图 7-1-3　侧面立姿高度测量

① 身高；

② 鼻根点高；

③ 眼高；

④ 耳屏点高；

⑤ 颏下点高；

⑥ 颈点高；

⑦ 肩胛骨下角高；

⑧ 肘尖高；

⑨ 桡骨头高；

⑩ 髂前上棘高；

⑪ 桡骨茎突高；

⑫ 尺骨茎突高；

⑬ 会阴高；

⑭ 小腿肚高；

⑮ 臀沟高；

⑯ 最小腰围高。

3. 按图 7-1-4 逐项分析坐姿侧面高度

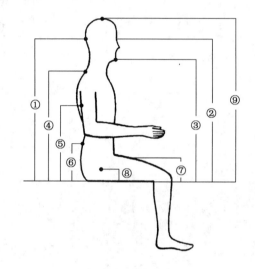

图 7-1-4　坐姿体部高度的测量

① 坐姿头后点高；

② 坐姿眼高；

③ 坐姿颏下点高；

④ 坐姿颈点高；

⑤ 坐姿肩胛骨下角高；

⑥ 坐姿肘高；

⑦ 坐姿大腿厚径(坐姿大腿上缘高)；

⑧ 坐姿大转子高；

⑨ 坐高。

4. 按图 7-1-5、图 7-1-6,逐项分析坐姿测量

① 坐姿背—肩峰距离；

② 坐姿腹厚；

③ 坐姿臀—大转子距；

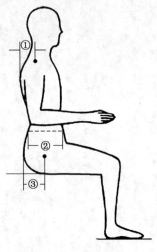

图 7-1-5　坐姿的测量

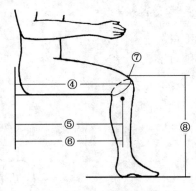

图 7-1-6　坐姿的测量

④ 坐姿臀—膝距;

⑤ 坐姿臀—小腿肚后缘距;

⑥ 坐姿臀—腓骨头距;

⑦ 坐姿膝围;

⑧ 坐姿髌骨上缘高。

5. 按图 7-1-7 逐项分析坐姿的下肢长测量

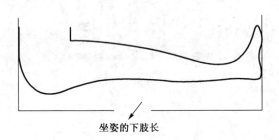

坐姿的下肢长

图 7-1-7　坐姿的下肢长测量

三、体部宽度与深度的测量

1. 按图 7-1-8 逐项分析人体宽度测量

① 最大体宽;

② 最大肩宽;

③ 肩宽(肩头点位置);

④ 颈根宽;

⑤ 腋窝前宽;

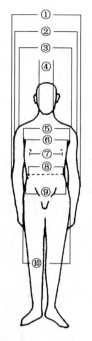

图 7-1-8　体宽的测量　　　　　图 7-1-9　体部深度测量

⑥ 胸宽(乳头点水平面上)；

⑦ 乳头间距宽；

⑧ 最小腰围处宽；

⑨ 骨盆宽；

⑩ 臀宽。

2. 按图 7-1-9 逐项分析体部深度测量

① 胸厚；

② 胸深；

③ 腰厚；

④ 腹厚；

⑤ 臀厚。

四、体部围度与弧长测量

1. 图 7-7-10 为人体与服装有关的周径内容(水平围长、软皮尺量)

① 颈围；

② 颈根围；

③ 躯干垂直围；

④ 上胸围(凡是测胸围时,应保持平静呼吸)；

⑤ 胸围(经乳头点的胸部水平围长)；

⑥ 下胸围(经胸下点的胸部水平围长);

⑦ 最小腰围(腰部最细处,在呼气之末、吸气未始时测量);

⑧ 腹围(在呼气之末、吸气未始时测量);

⑨ 臀围(臀部向后最凸位的水平围长)。

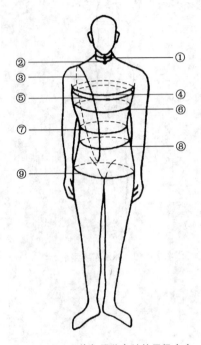

图 7-1-10　人体与服装有关的周径内容

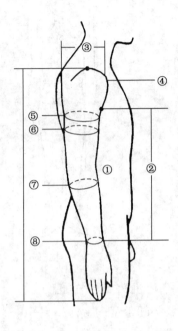

图 7-1-11　上肢围度测量

2. 图 7-1-11 为上肢围度测量

① 上肢长(用圆杆直脚规量);

② 腋窝至茎突距离(用圆杆直脚规量);

③ 上肢根部厚度(用弯脚规量);

④ 上肢根部围;

⑤ 腋窝部位上臂围;

⑥ 上臂围;

⑦ 前臂最大围;

⑧ 腕关节围。

3. 图 7-1-12 为下肢围度测量

① 下肢根围;

② 大腿最大围;

③ 膝围;

④ 小腿最大围;

⑤ 小腿最小围。

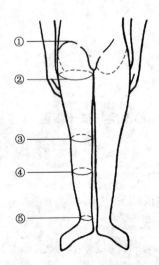

图 7-1-12　下肢围度测量

五、作为度身定制的个体测量

服装制作的合体,需要在人体各部位求得准确的人体尺寸数据。个体测量的对象明确,是指定的"这一个"。它与人体工程学要求的人体测量既有共同点,也有不同处。共同点在于均借助于工具(测量器具)对人体进行长度、宽度、围度、深度的测量。不同点在于人体工程学要求的测量为获得人体参量而应用于广泛的产品设计,如通过普测归类得出服装尺寸大类的档次范围,而为批量生产及指导消费服务;而个体测量是为度身定制服务,测量内容有侧重点,以长度、周径为主,再根据这些长度与周径结合设计造型,考虑尺寸上的大小、松紧、放收等空间量布局,使服装尺寸与指定对象的人体保持匹配。图 7-1-13 为常用的度身定制测量内容[1]。

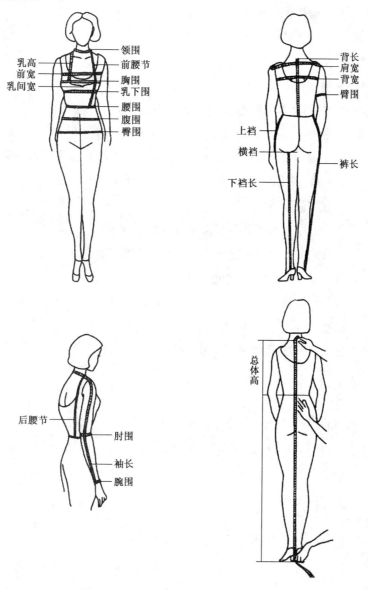

图 7-1-13　服装度身定制的常规测量内容

1. 测量条件

① 穿紧身衣的年轻女性、静态直立；

② 工具为软卷尺(皮尺)；

③ 计量单位：cm；

④ 记录笔与纸不限；

⑤ 卷尺松紧程度以既不束紧也不掉落为宜。

2. 测量内容

① 胸围——经过乳尖点水平环绕胸部一周；

② 领围——经过颈中心点水平环绕一周；

③ 乳点高——自侧颈点至乳尖点的长度；

④ 前腰节高——自侧颈穿过乳点至腰围线的长度；

⑤ 前胸宽——左右前腋点之间的尺寸；

⑥ 乳间宽——左右乳尖点之间的尺寸；

⑦ 乳下围——水平环绕乳房下缘位置，也是购买胸罩时的必要尺寸；

⑧ 腰围——水平环绕腰部最凹处的尺寸；

⑨ 腹围——在腰围与臀围线中央，于肠棘点正上方来测量。臀部形状因腰骨高挺程度与脂肪贴附量有所不同，因人的体型、发育而异，此围势必须测量；

⑩ 臀围——在臀部最高处，水平环绕一周；

⑪ 背长——颈围后中心点至腰际(腰围)中央的尺寸；

⑫ 肩宽——左右肩端点之间的宽度(必须经过颈后围中心点)；

⑬ 背宽——背部左右后腋点之间的尺寸；

⑭ 臂围——在上臂根部最粗处水平环绕一周，尤其对于手臂粗的人来说，更需测量；

⑮ 上裆——自腰围线至臀围线的长度；

⑯ 裤长——自侧面的腰围线经过膝部量至脚的外踝点为基准，按设计师所需长度来决定；

⑰ 下裆长——臀沟至足踝的长度；

⑱ 膝长——自腰中间线至膝盖骨中央的长度；

⑲ 后腰节——自侧颈点经过肩胛骨量至腰围线；

⑳ 袖长——自颈后围中心点经过肩点，顺沿自然下垂的手臂量至手腕，按设计师所需长度来决定；

㉑ 肘长——自肩头点至肘点的长度；

㉒ 腕围——环绕手腕根部测量一圈；

㉓ 手臂根部围——亦称袖窿尺寸，经过肩端点及前后腋点，环绕手臂根部测量一圈(再加量一成)；

㉔ 总体高——自颈后中心点垂直放下卷尺,并在腰围线上轻压,一直至地面的长度,曳地式长裙必须测量此数据再放量;

㉕ 肘围——弯曲肘部,经过肘点环量一圈,这是制作窄袖及羊腿袖的必量尺寸。

经过上述内容的测量后,可以通过列表形式,使设计师与制作者对数据一目了然(表 7-1-1)。

表 7-1-1　运用于服装设计及制作中的人体各部位尺寸测量　　　　单位:cm

内容	部位	实际测量尺寸(净量)	按设计要求加量后的尺寸
围度	胸围(B)		
	乳下围(U·B)		
	腰围(W)		
	腹围(MH)		
围度	臀围(H)		
	手臂根部围(袖窿)		
	肘围		
	腕围		
	颈围		
	臂围		
宽度	肩宽		
	背宽		
	胸宽		
	乳尖点之间宽		
长度	身高		
	总体高(颈后点至地面)		
	背长		
	前腰节长		
	后腰节长		
	乳高		
	上裆长		
	下裆长		
	裤(裙)长		
	袖长		
	肘长		
	膝长		

第二节 涉及服装生理属性有关的测定

对于服装设计师来说,除了把握人体形态尺寸以外,还需对人体的生理属性(生物物理特征)进行必要的测定,避免服装物理性与环境条件与人体生理属性的不匹配,以求服装在人体生理的对应中作补充、修正、调节,体现服装效绩,也是服装科学化、绩优化的重要内容。例如,女性脂肪多于男性,体内温度高于男性,体表温度低于男性,在夏装材料的定位上,遵循这个生理属性而选择比男性的更轻薄的材料。再如,皮肤对于光洁平滑、松软的材料有良好的触感,可将服装里子定为低摩擦的光滑织物,而让膨松、多毛织物作为面子,使其内空气流动弱并让空间填满的性能产生保暖作用。

一、人体体温与皮肤温度

体温,指维持人体正常生理机能的体内冷热程度的量。体温的平衡通过人体产热、散热来实现。

人体内部体温正常是 37.5℃,体温昼夜周期相差在 0.4～0.6℃。

(1) 体温与年龄的关系:儿童高于成年人,成年人高于老年人,新陈代谢的程度影响着体温。

(2) 体温与性别的关系:女性皮下脂肪厚于男性,体内温度偏高于男性,而体表温度偏低于男性。

(3) 体温与季节的关系:夏季体温低,冬季体温高。

(4) 体温与其他外因的关系:运动量大、精神上受惊吓、吃烫辣的食品等时都会偏高于正常体温。

皮肤温度,指人体体内生理机能反应在体表上的冷暖程度。人体与外界环境的热交换是通过皮肤(体表)来进行的。皮肤温度比体内温度更直接影响到服装防暑或保温的效果。皮肤温度受体热产生量、环境温度条件的影响而变化。气温低时皮肤因血管收缩而血流量减少,导致温度下降,反之,皮肤温度上升。

皮肤温度因服装在人体覆盖部位不同,也有差异。一般覆盖部分的温度稍高,如胸、背、腹部。根据日本米田氏测试报告显示,女子皮肤温度比男子低,无论是裸体还是着装(皮下脂肪厚于男性),设计师确定服装重量与厚薄应女装比男装轻薄(具体皮肤温度的测定可参见《服装卫生学》有关内容)。

皮肤温度与着装部位皮肤温度测定例证,受测者为成年男子,让其坐在各种气温下穿着适应季节的衣服,来测定皮肤温度,结果如下,供参考比较(表 7-2-1)。

表 7-2-1　皮肤温度测定(无风的安静状态)

内容	服　装	夏　装		春秋装(西服)		冬　装	
	气温(℃)	30.6	22.5	20.6	12.5	10.6	4.5
	湿度(%)	74~78	66~72	65~68	58~64	56~42	51~54
暴露的皮肤温度(℃)	面(额)部	35.8	35.2	35.0	33.7	33.0	31.3
	面(颊)部	36.0	34.9	34.8	33.4	32.8	31.0
	手　背	36.0	33.0	30.3	22.5	21.2	16.5
	平　均	35.9	34.4	33.4	29.9	29.0	26.3
被衣服覆盖的皮肤温度(℃)	躯干(前胸)	36.1	35.4	35.4	34.1	34.7	34.2
	躯干(后胸)	36.0	35.0	35.0	33.7	34.2	33.4
被衣服覆盖的皮肤温度(℃)	腹　部	36.9	36.2	36.0	34.9	35.2	34.8
	上　肢	35.4	33.5	31.1	31.1	31.6	30.5
	大　腿	35.0	33.4	32.9	30.6	31.0	29.3
	小　腿	34.3	32.8	32.1	29.2	30.1	28.0
	平　均	35.6	34.4	34.1	32.3	32.8	31.7

(参考前田氏报告,弓削治《服装卫生学》)

二、发汗

人体发汗与服装适应有直接的关系,也是生理属性测定中需了解的内容。

发汗可分成温热性发汗、精神性发汗与味觉性发汗三种。

温热性发汗是由外界气温上升,人体运动导致体热产生过高的现象;精神性发汗由精神兴奋而引起;味觉性发汗由饮食的酸、辣、烫刺激而引发,主要表现在脸部。

发汗量因季节、身体状况不同而有差异。气温高及体胖的人发汗量大,反之则发汗量小。发汗量分为有助于体热散发的有效汗量、附在皮肤上的附着汗量及流淌性的汗量三种。发汗量受环境温度、湿度与风速的影响而改变。附着的汗量与流淌的汗量会直接污染衣服,一旦衣服与这两种汗量接触,应寻找机会立刻更换清洗,因为汗液中大量的尿素、氨会侵袭人体与织物。

汗与尿的成分测定见表 7-2-2。

表 7-2-2　汗与尿的成分比较

成　分	汗	尿
总固体成分	1.174～1.597	4.365
无机物	0.821～1.170	2.300
氯化物	0.648～0.987	1.538
硫化物	0.006～0.025	0.355
尿　素	0.086～0.173	1.742
氨	0.010～0.018	0.041
尿　酸	0.0006～0.0015	0.129
肌酸酐	0.0005～0.002	0.156
肌　酸	痕迹量	0.019
氨基酸	0.013～0.020	0.073
糖	0.006～0.022	0.077
乳　酸	0.034～0.017	/

（转引[日]久野氏测验报告）

发汗测定与服装厚薄、重量及织物的性能、种类有关。

三、其他相关的心理机能

1. 血压

血压是血管内血液作用于血管壁的侧压。一定高低的血压是推动血液循环和保持身体器官组织有足够血流量的条件。

血压过低、过高均对身体不利，过低会导致血流量过少，使器官组织缺血、缺氧；过高会对心室射血有过大阻力，而使心肌负担过重，甚至引起心血管结构异常变化。

血压高低以毫米汞柱(mmHg)来表示，一般静态时收缩压与舒张压为 120 / 80 mmHg，而进行剧烈运动时，收缩压与舒张压可升至 175 / 100 mmHg。不同年龄的男、女血压值测试数据如表 7-2-3[14]。

表 7-2-3　我国不同年龄男、女血压值　　　　　　单位：mmHg

年　龄(岁)	男　性		女　性	
	收缩压 / 舒张压		收缩压 / 舒张压	
11～15	114	72	109	70
16～20	115	73	110	70

年　龄(岁)	男　性		女　性	
	收缩压 / 舒张压		收缩压 / 舒张压	
21～25	115	73	111	71
26～30	115	75	112	73
31～35	117	76	114	74
36～40	120	80	116	77
41～45	124	81	122	78
46～50	128	82	128	79
51～55	134	84	134	80
56～60	137	84	139	82
61～65	148	86	145	83

2. 心率

心率指一分钟内心脏跳动的次数。正常男性安静时的心率大约在 60～80 次之间。心率受多种因素影响,当人体运动或体力工作负荷加大,心率上升,最大心率可达 200 次/min 左右;人的最大心率与年龄有关,10 岁儿童可高达 210 次/min,35 岁的成人为 185 次/min 左右,65 岁老人则在 165 次/min 左右;热环境及个人情绪因素也会影响心率变化。

3. 呼吸

呼吸系统的功能是使空气中的氧进入肺,然后在肺部与血液之间进行氧和二氧化碳的交换。

每分钟通气量与吸氧量的比值称为"呼吸当量"。人在安静时和进行体力工作时的呼吸当量约为 20～25 L/min,即从 20～25 L 通气量中吸取 1 L 氧。人在最大工作负荷时的呼吸当量为 40 L/min。呼吸当量越小,氧的吸取率越高。

以上人体生理机能与服装压力有关,压力的大小关系到心率、呼吸、血压等生理机能的变化,有待设计中关注这些测定内容。

第三节　人体尺寸在服装设计中的应用

一、尺寸满足度

人体尺寸测量在服装设计中的应用,主要针对批量生产而言。

服装设计者都希望所设计的服装在规格尺码上，能满足所有人的需求。实际设计时，不可能达到百分之百的满足，只能相对满足，由此而引导出，如何评价人体尺寸在服装运用中的满足程度问题。

人体尺寸在服装产品中的满足程度，亦称为满足度，指所设计(制作)的服装在尺寸上能满足着装者(或消费者)总体中多少人合适地穿用它，以百分率来表示。

服装设计对人体尺寸的变异性，不像其他设计门类，如某种食品的包装盒设计，可以成千上万地按一个尺寸数据生产，而且可以在各个地区、为所有需求的人所适应。服装设计的尺寸把握就没这么简单，这是它作为"人体包装"的性质所决定的。对于生物学上的"人"来说，影响人体尺寸变异的因素很多，除遗传、人种之外，还有环境条件、营养与锻炼、疾病因素的影响。就身材来说，不同地区与民族有极大差别，即使同一地区的身材高矮差异也很大；同一高度，而不同地区人的身材的围度也有差异；同一高度、同一围度，而不同地区人的身材的躯干与下肢长度比例也有悬殊。对待这些差异，设计师应该对人体尺寸的变异性有足够的关注。

正因人体尺寸变异性大的特点，设计人员应该认识到他所设计的服装产品决不能像单量单裁的度身定制那样，仅为某个人的穿着而设计，而是满足占特定穿着者总体中相当百分比的人群穿着而设计的。当然服装设计师也可通过材料与结构变化，来解决人体尺寸变异问题。例如，用弹性材料制作内衣、泳装、裤袜，只需少量尺寸规格即能达到相同的满足度；结构款式上用披挂、裹缠，也可以少量规格达到相同的满足度。

根据人类工程学的指标，实际设计产品的满足度以90%为目标，余下的10%的人即为高的人[1]不作考虑。如面包车(旅行车)车厢内，高度以90%的人的高度而设计，而不考虑190 cm左右的篮球中锋身高(虽然设计上可以达到，但经济效益上会造价太高而不切实际)。服装也应以满足大多数人的尺寸为目标。例如，人的上裆尺寸在同样身高的档次中都有微小的差异，而不可能为每人的裤门襟而生产一根符合每个人上裆尺寸的拉链，只能取大多数人满足(适合)的尺寸，所以，用于裤门襟闭合的拉链均在20 cm左右。

二、服装号型分类

在成批生产的服装中，为了让尺寸适合大多数着装者的要求，根据普测的人体尺寸数据，本着满足度的通则，确立了指导服装设计与生产的国家号型标准。

号型的确立依据满足度通则，以最大值(上限)与最小值(下限)来对设计生产任务进行差数分类，产生不同号型档次。同时，将体型类别融入标准数值之中，改变过去特大、大、中、小(XL、L、M、S)的笼统区分，使尺寸与人的体型外观更趋匹配。

(1) 号型定义：服装的号型是根据正常人体尺寸的规律和使用需要，选择最有代表性的部位，经过合理归并设置的。

"号"指人体的身高，以厘米(cm)为单位，是设计和消费者选购服装长短的依据；"型"指人体的围度,也以厘米(cm)来表示人体的胸围与腰围,是设计和消费者选购服装肥瘦的依据;"体型"指人体胸围和腰围的差数,是使服装适合不同形体的依据。

号型标志内容分析:

号型:170/88A

170 cm 为人的身高;

88 cm 是上装的胸围;

"A"为体型类别的代号。

体型分 Y、A、B、C 四类,分类的依据是以人体的胸围与腰围的差数来确定的。"Y"表示胸围与腰围差数为男性 17～22 cm 之间,女性为 19～24 cm 之间;"A"表示胸围与腰围差数为男性 12～16 cm 之间,女性为 14～18 cm 之间;"B"表示胸围与腰围差数为男性 7～11 cm,女性为 9～13 cm 之间;"C"表示胸围与腰围的差数为男性 2～6 cm 之间,女性为 4～8 cm 之间。

根据 Y、A、B、C 的胸围与腰围不同差数,可以判断"Y"体型比较苗条,"A"体型正常,"B"体型微胖,"C"体型偏向肥胖体型。表 7-3-1、表 7-3-2 是全国各体型在总量中的比例,对于设计师来说有参考价值。

表 7-3-1　(男性)各体型人体在总量中的比例状况　　　　单位:%

体型	Y	A	B	C
比例	20.98	39.21	28.65	7.92

表 7-3-2　(女性)各体型人体在总量中的比例状况　　　　单位:%

体型	Y	A	B	C
比例	14.82	44.13	33.72	6.45

(注:转引《中华人民共和国国家标准》GB/T 1335.1～1335.3—1997)

(2) 号型系列:号型系列以各个体型中间体为中心,向两边依次递增或递减组成。身高以 5 cm 分档组成系列,胸围以 4 cm 分档组成系列,腰围以 4 cm、2 cm 分档组成系列。身高与胸围搭配组成的号型系列,为 5.4 号型系列。身高与腰围搭配组成的号型系列,为 5.4、5.2 号型系列。

例如,男性 5.4、5.2 号型系列(表 7-3-3)。

三、服装功能尺寸的修正量

无论是度身定制的个体测量,还是成批生产的号型系列,尺寸只能作为一项基准值,必须经过结合设计要求的某部分修正,才能成为有效的服装功能尺寸。修正量分为功能修正量与心理修正量两种。

表7-3-3　男性5.4、5.2号型系列递增档次

Y（体型）

胸围＼身高	155		160		165		170		175		180		185	
76			56	58	56	58	56	58						
80	60	62	60	62	60	62	60	62	60	62				
84	64	66	64	66	64	66	64	66	64	66	64	66		
88	68	70	68	70	68	70	68	70	68	70	68	70	68	70
92	72	74	72	74	72	74	72	74	72	74	72	74	72	74
96					76	78	76	78	76	78	76	78	76	78
100							80	82	80	82	80	82	80	82

身高5 cm 进一档

腰围2 cm 进一档

胸围4 cm 进一档

（注：各类号型系列详见《中华人民共和国国家标准》服装号型，由国家技术监督局1997年11月13日发布，1998年6月1日实施。）

功能修正量,指服装尺寸修正便于运动、舒适的"放缩量",以达到设计的形式美及符合职业功能要求等内容。

功能修正量对于服装来说,尤为重要,它是保证实现服装某部位功能而对尺寸依据所作的尺寸修正量。尺寸依据在人体测量中是静态直立姿势,而人在日常生活、工作中,人体经常处于运动势态,且姿势各不相同。服装必须以不同姿势引起的变化,而对人体尺寸作适合于行动的修正,以保证服装功能的实现(不是蜡像式的服装)。

服装修正量的确立,可以根据人的感觉阈值,指人用感官能感觉出来的产品之间存在的差异之最低量[1]试量来确定合适的修正尺寸。例如,图 7-3-1 中某女性腰围净尺寸为 700 mm,当她所束的腰带扣眼在 700 mm 处时,会感到腰带松紧很适合。如果在 698 mm 和 702 mm 处钉上钮扣,她在这两处分别扣上钮扣,也会感到适应。但当两粒钮扣的位置(距离)超过了 700 mm 正负尺寸(700±12.5)mm 范围,就会感到腰带太紧或太松。我们将这个可接受的范围称为"无差别间距"(ND),像腰带的无差别间距为 25 mm,还可以束进一件衬衣或一条单裤。无差别间距是确定两个号的产品尺寸之间差数的依据。

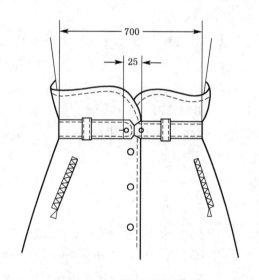

图 7-3-1 无差别间距实例分析

"标准化的无差别间距"公式如下:

$$\Delta = \frac{ND}{S}$$

ND 为"无差别间距"(接受松紧舒适感的正负尺寸范围,也称无差别间距标准化)。
S 为"无差别间距"参数的标准差。
Δ 为"标准化的无差别间距"。

与腰带钮扣间距尺寸类似的,有衬衣袖口和茄克下摆侧缝(前后衣片缝合处)处的钮扣间距处理。

服装款式千姿百态,功能与用途各不相同,尺寸修正量应以满足功能需求为准则,而确立不同的尺寸"放量",亦称"放余量"。

　　服装设计师对待已测量的人体尺寸(或参考"号型"数据),只能作为设计依据,而不应把它直接看作服装功能尺寸。服装功能尺寸,是指为了实现服装某一项功能而规定的造型结构尺寸。它可分为两类:最小功能尺寸与最佳功能尺寸[1]。

　　(1) 最小功能尺寸,是确保服装实现某一功能在设计时所规定的服装最小尺寸,或称最小余量。例如,服装原型(亦称"基形")的尺寸因把各项尺寸规定得"最小"(最贴体),可归为最小功能尺寸。最小功能尺寸公式:

　　最小功能尺寸＝(人体尺寸)设计界限值＋功能修正量

　　(设计界限值－设计中所依据的尺寸上限值或下限值)

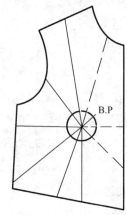

图 7-3-2　女性服装原型图
(最小功能尺寸)

　　图 7-3-2 为女装原型图,是典型的"最小功能尺寸"修正。在肩宽、衣长、胸围处基本保持与测定尺寸相吻合,仅在领围弧线(前颈点下移 1 cm)处作了适量的尺寸修正,这种尺寸修正,看不出款式风格鲜明的特征与功能的特殊要求。

　　(2) 最佳功能尺寸,是指为了体现服装方便、舒适,便于职业行动,美观漂亮的要求而设定的服装结构尺寸。它符合工程学追求的效绩、健康、卫生、舒适、美观的目标,因而,对于设计师来说,考虑最佳功能尺寸是天职。最佳功能尺寸公式:

　　最佳功能尺寸＝(人体尺寸)设计界限值＋功能修正量＋造型修正量

　　(造型修正量属心理修正量范畴,主要指达到服装款式艺术风格化、功能职业化内容的尺寸修正)

　　图 7-3-3a 为了表现袒肩的清纯风格,需要在原型的最小功能尺寸上作造型修正量的调整(虚线为最小功能尺寸时的结构)。

　　图 7-3-3b 中上图部分为前后片裙原型,是最小功能尺寸;下图部分设计师将前片裙(从侧缝处)向后移借 1 cm,后片裙内缩 1 cm 这种非常规的放缩量目的在于满足设计要求,即前臀部位在侧缝后移之后显得平整、坦荡,而后臀部因侧缝收缩则显得小巧,达到理想的视觉修形效果。这种 1 cm 的进退与移位,充分体现最佳功能尺寸在设计中的价值。

　　最佳功能尺寸的修正,主要表现在对服装职业功能的尺寸服务。以交通警察的橘黄色(安全色)反光网眼背心为例:其一,袖窿的尺寸放量要高于常规放量参数;其二,肩宽的尺寸要少于常规背心的$\frac{1}{2}$肩计算,目的是便于警察在执勤中手臂能上举、旋转而不受束缚与挤压。再如,体操运动服(除采取弹性材料外)的功能尺寸修正量与电焊操作工服装的功能尺寸修正量截然不同,前者为显示形体及最大限度地满足肢体运动,而在最小功能尺寸上作极大的削减;后者为保护形体不受高温及火花迸溅的伤害,而在最小功能尺寸上作更大的增递。最佳功能尺寸的修正关系到设计师创造服装功能的成败,只有遵循这个尺寸修正通则,经过不断实践,才能把握最佳功能尺寸修正的尺度,而强化服装功能。

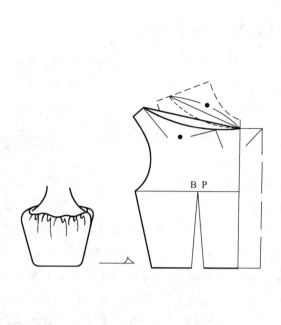
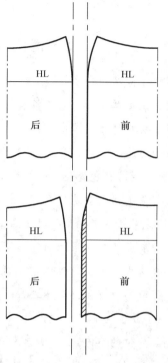

a 在最小功能尺寸上的修正量调整实例　　　　b 上图为最小功能尺寸,下图为最佳功能尺寸

图 7-3-3　不同功能尺寸的造型比较

第四节　有关人体与服装尺寸设定

一、围度

"围度"＝人体净围度＋基本松度＋运动度。

(注:基本松度—人体组织弹性与呼吸量;运动量—活动量。)

二、长度

原则:避免与人体运动中的人体连接点相应。裤、袖、裙的长度宜在运动点重合部位。衣服长短以人体运动点为界而设定。

例:a. 男套装,上衣在臀围线以下;

　　b. 短袖长在肩、肘点之间;

　　c. 长袖袖长在手腕处;

　　d. 裤口在踝骨;

　　e. 礼服裙、婚纱长在及地适量。

思考与实践：

设计师关注服装"最佳功能尺寸"的思考研究

所谓最佳功能尺寸,是指为了体现服装方便、舒适、便于职业行动,美观漂亮的要求而设定的服装结构尺寸。它应符合人体工程学追求的效绩、健康、卫生、舒适,美观的目的。

最佳功能尺寸公式:

最佳功能尺寸＝(人体尺寸)设计界限值＋功能修正量＋造型修正量

■ **案例一　针对"鱼尾裙"的设计思考**

目前鱼尾裙大多采用真丝、仿真丝或缎面雪纺等面料,质地比较顺滑、服帖,有垂坠感。然而,容易使穿着者感到行动不自如,步伐僵硬。

以一条鱼尾裙礼服为例,左边方框所截取的部分是需改善的细节部分。右边方框中的虚线部分为设计原型。可以看到原来的设计,收紧处正好对应女性形体膝盖的位置,走路时膝盖关节的运动会感到不适应。同时更易突出腿部较短、身材不够高挑的缺点。与此相比,运用了最佳功能尺寸的设计,将收紧处两边调高至膝盖点上部,正面拼接线的形状符合人体膝盖部位的姿态,使穿着者相对于原先的设计行动起来更加自如。与背面设计连接起来状似桃心,使设计既生动,又保持其原有优雅的曲线造型。同时,使穿着者身形更加修长、美观。

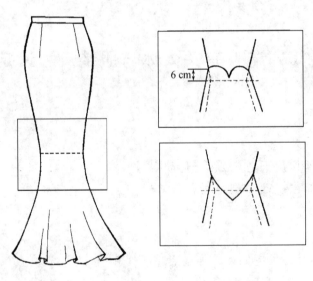

图 7-3-4

(实践人:曹联)

■ **案例二　针对"文胸"的尺寸设计思考**

文胸是女性的生活必须品,又是女性的修身装饰美化品。它的尺寸与罩杯的形状若不合理,不仅影响女性的穿戴舒适度,还甚至会引起某些疾病。

文胸的圆周与乳房的造型吻合是恰到好处的。怎样判断文胸与乳房是否吻合？这些条件包括乳房在中心所形成的圆润曲度需与文胸钢托弧度完美配合,同时罩杯上缘不压迫乳房,胸点的位置也能与文胸的造型相协调。根据个人的胸型条件,选择适合的胸罩类型与尺寸也尤为关键,因此,设计师们运用人体工程学原理为大众设计了四个常规尺码的胸罩型号,分别是 A、B、C、D 型。测量乳房下肋部胸围和乳房最丰满处胸围。如果偶数加上 10 cm(4 英寸);奇数加上 12 cm(5 英寸)。即得到您的最佳胸围尺寸。如果两个尺码相差 12 cm(5 英寸),就选 A 型;超过 15 cm(6 英寸)选择 B 型;超过 18 cm(7 英寸),选择 C 型;以此类推。

(实践人:徐琪蓉)

■ 案例三　针对礼服设计中的"服装压力"的设计思考

"服装压力"的概念:指服装作用于人体体表的力度。

在礼服的设计中,人体服装压力的考虑尤为重要。因为恰恰是礼服,却是对人体施压很厉害的一种服饰,它有时更塑型,也因此束缚更多。要在礼服的服装压力上作"最佳功能尺寸"的思考,应充分了解下例数据(身体各部位的服装压力测试表,单位 mN)。在通常 12 月～2 月,乳房的承受力分别为 50;腹脐承受力为 150、120、140,而侧腹部的承受力为 160、120、160。然而,压力点的产生也主要在于:凹陷的腰(腹)侧;担当悬吊式晚礼服吊悬压力的颈窝处;为了托起胸部或达到修形目的的乳房部位等。而束带型晚礼服又是礼服中尤为常见的。主要有紧身弹力型,帮肚、束腰型,吊袜型等,但无论什么形态的束带内容,人体体表受到外力的压迫,尤其是超过人体服装压力的允许值,就会妨碍到健康。女性腹部允许服装压力值在 4 kPa,便会引起对正常

图 7-3-5　服装压力与造型分析

呼吸的影响。肺部压力增大,也会影响软组织生理运动与肌肉关节的变化等等。因此,在礼服设计中尤为要引起注意。

图 7-3-5 为束带型服饰的压力承受结构。

(实践人:沈佼健)

■ 案例四　iPod 音乐牛仔裤创新设计分析

在时装界,风靡全球的牛仔品牌 Levi's 与数码播放器巨头 iPod 共同推出的一款可以方便地将 iPod 随身携带并播放音乐的牛仔裤,可谓是将"最佳功能"尺寸的设计原理在服装设计中运用到了极致。

在这条牛仔裤口,你可以使用 iPod 二代之后的所有产品,以及 iPod Shuffle 也可别放在腰头。具体解构如下:

(1) 设置 iPod 专用袋。在右边裤管膝盖上的口袋,是专为放置 iPod 而设。裤袋内有一条红色的数据线,专门用来连接 iPod 和控制器。所以,只要将 iPod 连上这条线,就可以用腰

间的控制器和伸缩耳机欣赏音乐了。

（2）伸缩式的耳机。这个藏有耳机的方盒子，可以随意地扣在裤头上，里面的耳机采用伸缩式设计，不听歌时，可以缩入盒子内，不用一直缠在脖子上，设计相当贴心。

（3）播放控制器。这个控制器可以说照搬 iPod 的转盘式控制器，但并不是触摸＋按键的控制方式，而是采用 4 方向摇杆，来选定歌曲及调节音量。另外，这个控制器为可拆卸设计，可以在清洗时拆下来，以免进水造成损坏。

也许，在 iPod 牛仔裤的实例中，我们更能真切感受到人体工程学，在设计中的"以人为本"的设计理念，让衣着变得更舒适、更贴心、更实用（图 7-3-6）。

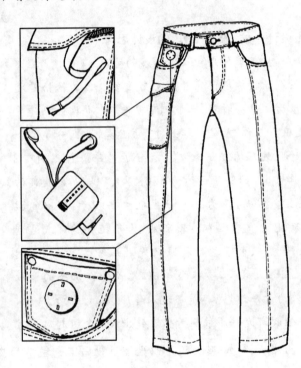

图 7-3-6 iPod 随身携带并播放音乐的牛仔裤

【思考题】

1. 人体形态与尺寸测量在人体服装工程学中的重要性是什么？

2. 尺寸满足度与大众服装标准的关系如何？

3. 度身定制的个体测量在高级定制行业的实际应用有什么价值？

4. 你对于现行我国服装型号规定有何感想？

第八章
服装作为人体防护的工程问题

第一节 防护服装的特殊性能与设计要求

　　服装人类工程学的目的是最大限度地满足人的需求,使"服装—人—环境"系统达到最佳匹配状态。人的生活与工作空间各不相同,其系统关系的适合内容也各有差异,尤其对置于非常态环境(空间)中的服装,必须使服装适应特定的环境要求,并在特定的环境中具有特殊的匹配处理,来改变不利环境因素对人体的侵袭。例如,封闭式的铝膜布服装,适应明火的工作空间及用于消防与火灾救援;充气式的救生服装,可让海(船)员在水上作业中具有生命保障,避免淹溺事故的发生。可见,一旦强调服装对人体保护的作用,而且又要适合不同的特定环境,它的形式美要求就退居次位,而安全防护、安全标识成为首要考虑的内容。

　　防护服装,指作业人员以适合特定的工作空间而穿用的劳动保护衣具。防护服装属于职业服装的范畴,"3P"原则构成它的特定内容。"保护"(Protection),以人所处环境条件为服装防护的出发点;"处境"(Place),要求人的服装保护功能和构成形式与之高度适应;"人身"(Person),在特定环境中的服装保护能使人身安全、人体舒适。它们三者之间在互相关联和各方因素的匹配下,才能体现防护服的工学价值(图8-1-1)。

图 8-1-1 "3P"原则

一、防护服装的种类

防护服装分为一般作业防护服和特殊作业防护服两种。

(1)一般作业防护服:在常规工作空间中表示职业性质的服装。工作环境对人体没有直接的侵袭,服装以团体标识为主,兼顾职业功能与防护内容。如电梯操作工、电子流水线安装工的服装。

(2) 特殊作业防护服:在非常规工作空间中的装束。作业人员能直接感应到环境物化因素(明火、冷气、有毒气体、粉尘、油污、外溢化学品)对人体的侵袭,需要通过衣着处理来适应非常规工作空间。如阻燃隔热的防火服,衣着的构成按工作空间要求及操作性质而定。

二、防护服装的性能

无论是一般作业防护服还是特殊作业防护服,都应具备下列基本性能。

(1) 安全性:在各种工作空间中,应能有效地保障作业人员不受外在各种因素的直接或间接的侵袭、损伤。

(2) 机能性:在结构设计上不妨碍作业人员在工作空间中的行动,力求便捷、顺畅而无牵绑、羁绊之感。

(3) 舒适性:具有保温、防寒和温度控制作用,力求在防护服装内形成温度在 20～25℃、湿度在 40%～60% 之间的气候(比生活服装内温度 32℃ 低一些),使作业人员感到舒适。

(4) 管理性:在同一工作空间中作业,无论是什么地区,力求服装的形态、色彩、职业标志统一,使每种防护性服装都具有职业标识的符号意义。例如,"白大褂"在任何时空都有医务形象的表识。

一般作业防护服与特殊作业防护服,在款式结构、功能取向上有不同的要求。例如,用于五金机械操作的防护服,款式上要"三紧"(袖口、衣下摆、颈部收紧),面料上要耐磨;医务、电子操作的防护服款式宜"全罩式",而且面料要经过防菌消毒处理;电焊操作工防护服要防火透气;环卫清扫工防护服要有防水(防雾水)的 PVC 涂层等等。

三、防护服装的设计依据

防护服装在设计时,应以身体的生理测量值、防护性质、环境条件为依据。

(1) 生理测量值:表现在将人体测量尺寸与最小功能尺寸、最佳功能尺寸的综合参数计测(见第七章),其中最佳功能尺寸对于防护服最有价值。例如,环卫清扫工劳动中上肢活动范围大,相应要求上身宽大、袖口抽紧;高空清洁工需攀登爬蹲,相应要求服装紧身些且不宜有襟饰或无袋盖的口袋,防止钩绊。

(2) 防护性质:防护服对火、油、水、毒品、酸碱、静电的防御要求不同,服装防护性质也各不相同,差异极大,而且有的性质截然相反。例如,防火与防水、防酸与防碱,在材料定位上完全不同。至今为止,没有一种全能面料能防御所有对人体有损害的物质。

(3) 环境条件:对工作空间的温度、湿度、风速、气流要综合考虑。即使相同的作业内容,不同的环境对服装要求也不一样。例如,同样是用于油漆作业的防护服,在无空调(恒温)的环境中,应按季节气温(自然温度)、湿度不同而分别选用不同保温性能的面料;而在有空调(恒温)的环境中,该防护服面料可以相对稳定。

除此之外,对防护服装的心理空间也要作适当考虑。一般来说,防护性服装偏重社交性及共性的心理定势,统一的服装与统一的标识是缩小人们心理距离的最佳手段。防护性服装只注重共性心理内容,如职业特性、企业性质、企业身价、在同行业的地位等方面,回避表现作业者个性心理要求,如某人要开放式、某人要传统式,一般不列入设计策划的内容。

第二节 特殊防护服与人体保护内容

一、防护服与隔热、防火

隔热防火类的服装用于高温的工作空间。高温作业的定义为:"工业、企业和服务行业地点具有生产性热源,当室外实际出现本地区夏季室外通风设计计算温度的气温时,其工作地点气温高于室外气温2℃或2℃以上的作业。"这里有两点可以确定:其一,计测标准按"夏季室外通风设计计算温度的气温"高出2℃以上的为"高温工作空间";其二,计测必须以"本地区"气温为准,各个地区的气温条件不一,所确定的"高温工作空间"温度指数也不同。详见1984年中华人民共和国劳动部颁发的《高温作业分级》。

1. 人体对高温环境的承受能力

在高温的热环境下,作业人员进行体力劳动时,人体热负荷超过了机体正常调节范围的反应,体内热量积蓄过量,即使血液更多地流向体表,皮肤循环增快而皮肤温度上升,也使体温升高。产生这个生理现象有两个方面为高温热辐射和对流。

体温升高后,人体会出现温度调节、水盐代谢及循环等一系列生理变化,从皮肤温度上升到出汗,从体内盐分减少到体内温度上升,从中枢调节机能失调到中暑而使神经系统及肝脏器官受损。

人体热负荷生理影响以如下顺序进行:辐射和对流散热量小于代谢产热量──→皮肤温度上升──→血管扩张、皮肤循环加快、出汗──→体内盐分减少、皮肤循环不良及器官供血不足──→体温升高使中枢调节机能失调、停止出汗──→体内温度迅速上升、中暑。高温环境中不同体温出现的症状分别为:

39~40℃,大量出汗、血量减少,血液循环障碍;41~42℃,由于温度迅速升高而虚脱;41~44℃,死亡。

另外,人体与蒸汽、熔融物质和50℃以上高温体接触时,会直接烧伤或烫伤皮肤。

2. 隔热防火服装工效

减少或降低热环境对人体的侵袭与污染,除了改造热环境(如防暑降温、温控调节)之外,通过服装来防护是显而易见的,因为人在任何环境中均需用衣着来修饰。隔热防火服以保护操作人员免受高温、明火、蒸汽和熔融物质伤害为目的。

隔热防火类的防护服装,无论有无空调型装置,均有一些共同的工学要点。其一,织物要具有反射热辐射的功能;其二,织物要有一定的厚度来发挥其隔热性;其三,要用抗压层防止受热表面与身体直接接触;其四,设置防潮层预防身体被服装表层的热蒸汽烫伤;其五,所有材料要具有不燃性与无热粘附性特点;其六,面料最好具有一定的透气性以利于体内汗液蒸发。对于设计师来说,无论什么造型或选用什么材质,以上要素是检验隔热防火服合理性的关键因素。

(1) 无空调型的隔热防火服有以下几种:

① 帆布服:用天然棉或麻纤维制成的帆布类防护服,帆布经过四酸甲基氯化磷、氯化磷腈作耐燃整理,使接触火源时只发生炭化而不燃烧,离开火源能自熄。还有用帆布做面,内衬用导热系数小的衬呢,隔热效果比单层帆布服装好。帆布服的色彩一律以白色、银色为主,以利于热辐射的反射。

② 石棉服:石棉服具有导热系数小、耐高温的特点,适合高温炉前工人穿用。但石棉服重量大且布料强度低,表面的石棉粉末对人体有害。

③ 铝膜布服:由阻燃棉布或石棉布、玻璃纤维布做坯身,外镀铝膜或贴铝箔的面料制成的服装,有轻型、中型、重型三种。铝膜布具有隔热性佳、重量轻、热反射率高的特点,用于高温作业能起隔热作用,缺点是透气性差。重型铝膜布服装(含多层防火隔热材料)采用安全帽与氧气呼吸器,可以直接进入温度 200~800℃ 的缺氧浓烟环境。

④ 阻燃服:用酚醛纤维或碳素纤维制成的耐高温合成纤维服,该服装置入火中几乎不燃、不熔,只有炭化反应,同时耐腐蚀、耐有机溶剂的侵蚀。长期使用温度达 150℃ 左右,短时间能耐 2 000℃ 的氧乙炔火焰燃烧[15]。

⑤ 耐高温纤维的确立,需具备以下一些条件:在高温下保持一定的力学性能;具备纤维材料的可加工性;在高温下长时间使用裂解小;纤维在 150℃ 内无变化,300~350℃ 内不软化,具有难燃、防火燃和耐热性,在空气中不熔融。所以对设计师来说,无论是石棉服还是铝膜布服,检验标准以纤维耐高温情况而定,像芳族聚酰胺纤维、聚丙烯腈氧化纤维、碳纤维、石棉纤维、特种玻璃纤维、陶瓷纤维均可用于隔热防火服材料。当然,要根据隔热防火的程度来选择匹配的耐高温纤维。

无空调型的隔热防火服,防护效果还取决于织材的隔热性和阻燃性。材料厚度越大,隔热性能越好,织物导热率越高,隔热性越差;高密度的织物导热性高于低密度织物,其隔热性也差于低密度织物。同时,空气还是很好的隔热介质,用镀铝膜织物作防护服外层,就是以阻止热量进入防护服内层而保持一定空气含量(根据测试,空气温度每升高 1℃,其导热率只增加 0.28%）。铝箔织物效果优于涂有白色有机涂层的织物。

（2）关于空调型隔热防火服，它是由带有调节服装内气温变化的制冷装置或内装冰袋两种构成。其中送风制冷服的工作原理是压缩机将冷空气送入服装内分布的细管内，气体在服装内细管内螺旋运动，从服装表面小穴排出时将人体体表热量带走，从而防暑降温，适用于 35～60℃ 的作业场所。该服装是法国人莱库在 1931 年首创，1947 年经德国人哈鲁斯改进而商品化。冰袋制冷服比较简单，在服装内安置冰袋，可重复使用，起到直接隔热降温的作用。

二、防寒装备与人体对冷环境的生理反应

工作条件如果是在寒冷的环境中，人体体温、体表温度都会下降。当体内温度一旦降到 35℃ 以下，人的机体就会出现各种不同的功能紊乱。环境温度过低或在寒冷状态下，人体暴露时间过长，均会发生冻伤。温度越低，冻伤越快，冻伤部位以肢端部位为先，表 8-2-1 是在不同相当温度下，手与脚冻结所需时间的测试结果，可作为人体防寒装备设计的指数参考。

表 8-2-1　在不同相当温度下手指和脚趾冻结所需时间

相当温度（℃）	足趾裸露冻结所需时间（min）	戴绒质手套手指冻结所需时间（min）	穿防寒鞋脚趾冻结所需时间（min）
−20	12	>30	>120
−30	8	30～20	120～90
−40	6	30～20	120～90
−50	4	20～10	90～70
−60	2	20～10	90～70
−70	1	5～3	60～40

（转引朱祖祥《人类工效学》部分内容）

从上表中可以看出，防寒装备不但要考虑服装，也要顾及手、脚，因为人体对寒冷的反应中，肢端最为明显。

防寒服装的材料以保温性好、导热系数小、外表面吸热率高为首选，服装内胆充填物以棉花、鸭绒为主，外层面料也是棉纤维及混纺织物为宜，动物毛皮及人造毛皮也可作为内胆或外层面料。

三、防毒与防酸碱服装

防护毒品、毒气侵袭人体，在服装材料上以密封性为首选，材料上需抗化学液体浸透与穿越，有胶布防毒衣和塑料防毒衣两种。

1. 防毒服装

（1）胶布防毒衣：用天然橡胶涂层粘在棉织物的正反面，经硫化而成，再缝制或黏合成衣，款式有连体式（连衣裤）及带防毒面罩两种，总之，以密闭性强为目的。

（2）塑料防毒衣：用聚乙烯或PVC（聚氯乙烯）塑料制成。它比胶布防毒衣分量轻，还具有防水防油特点，但不透气，卫生性差。而且不能遇高温及低温，否则不是软化就是硬脆易折。款式也是连体式为佳。

2. 防酸碱服装

防酸碱服装与防毒衣有共同之处，即面料（表层）需具有密闭性质，款式以连体式或两截式（带帽）为宜，袖口、衣领、下摆、裤口等处均收紧并不宜有口袋，防止渗入或积存化学物质。另外，面罩也能防止酸雾侵入呼吸道。耐酸碱性最好的合成纤维是氯纶＞丙纶＞腈纶＞涤纶，适合中低浓度的酸碱作业环境，从表8-2-2中可看出几种合成纤维的耐酸碱比较，供设计参照。

表8-2-2　部分合成纤维耐酸碱的性能比较

性能内容	氯纶	丙纶	腈纶	涤纶
耐酸性	优	优良（除浓硝酸及氯磺酸之外）	良好	较好（除浓硫酸外）
耐碱性	良好（在浓氨水中强力不下降）	优	良好（50%苛性钠溶液及28%氨水中强度不下降）	耐弱碱液，在浓碱液中温度增高，纤维脆损
耐有机溶剂	回避氧戊环、环己烷，遇到酮、苯、三氧化乙炔、亚甲基氯化物等即膨润	对某些氧化剂易溶解	一般不溶解，在乙腈、丁二腈、氯苯二甲砜中溶解	一般不溶解，在甲酚、一氯甲酚中溶解

（参考《劳动保护用具及其质量检验手册》）

四、等电位均压服

等电位均压服用于带电作业时的特殊服装，当作业服与高压导线流过的电流呈等电位时，人体电位和均压服电位相等，无电流通过，避免电击伤害人体。

均压服的材料用各种规格（直径0.025 mm、0.03 mm、0.05 mm三种）的细铜丝与玻纤或蚕丝棉纤维拼捻织成的布来制成，均压服的各个部位（包括面罩与鞋袜）都要用金属带相连成一个传导整体。同时，均压服不宜与皮肤直接接触，内衣可充当均压服与皮肤的隔离物。目前国内生产的均压服限于220 kV以下的高压带电作业。

穿均压服时，对地安全距离有不同的高度要求，当220 kV电压等级时，应保持1.8 m高度；330 kV时保持2.6 m高度。

五、其他防护性服装与人体工程

1. 水上救生服

水上救生服有固体式与充气式两种。密度是决定物体在水中是否下沉的关键,大于水的密度时物体下沉,小于水的密度时则飘浮于水面。人体的密度大于水密度约在 $1.02\sim1.1$ 倍之间,故水的浮力不能将人体托出水面,需借助浮体材料并制成某个式样,可穿、套在人的躯干(上身)部位,让人的肩胛以上部位浮出水面。

水上救生服的色彩一律为安全色——橙色。水上救生服的浮体材料以软质闭孔泡沫塑料(做内胆)为主,还有聚乙烯、聚氯乙烯、木棉、软木等材料。

水上作业救生服的式样较为传统,常见的有背心式、四浮袋式、条式三种。

2. 抗静电工作服

抗静电工作服主要用来预防因工作服积聚静电荷所造成的燃烧及爆炸事故。它用导电纤维材料制成,当与其他物体摩擦时产生的静电,能通过导电纤维与人体的接触泄漏掉,从而避免静电积累与放电现象产生。

抗静电工作服的面料有两种,一种是用直径 $8\sim50~\mu m$ 的不锈钢、铜、碳丝和其他纤维混纺制成,另一种是用抗静电剂的有机化纤丝制成。

3. 防水服与防油服

防水、防油服以橡胶、涂层布、塑料等材料制成,拒水整理包括脂肪酸长链化合物、有机硅树脂等,机理作用是进一步增加与水的接触角。防油服用耐油橡胶、聚胺酯塑料和含氟涂料布为主。

六、用于防护的高功能纤维

高功能纤维也称高性能纤维、高技术纤维或工程纤维。它对人们生活所有领域均有特殊的应用价值,在用于防护服方面可以大大改善防护服的性能(表 8-2-3)。

表 8-2-3 各类高功能纤维在防护服中的应用

功能纤维的分类	主要功能	应用
电、电子	电绝缘性、导电性、抗电性、热电性	带电工作空间服装、抗静电防护服装
光	耐光性、光折射性、耐放射线性、屏蔽性	放射线防护服
音响、震动	吸音性、防震性、隔音性	建筑空间防护服装
磁	防磁性、屏蔽磁性	电子企业类防护服装
热	隔热性、阻燃性、防火性	隔热防火防护服
生物体关系	生物体内崩解性、杀菌性、生物体适应性、防菌防霉性、微生物分解性、保健性	医务类职业服、运动服、保护肌肤的内衣裤、红外线保健服装

以上部分高功能纤维的功能与应用分析值得设计师关注,它们将对防护服装设计的观念、功能、价值产生新的突破,追求人与防护服在不同作业环境中的最佳效绩。

第三节　头部防护与安全帽设计的工学内容

将安全帽作为单独章节列出,在于头部防护的重要性与特殊性。它既属于人体安全防护系统,又在结构、材料、力学要求上与服务于躯干、肢体的防护服不同。

一、头部生理结构与耐受力

尽管头部只占人体全身重量和体积的很小比例,但却是全身中最显要的部分,头部的重心在脊椎的第一颈椎前上方。头部由头盖骨和脑脊液等组织构成,平均重量为 4.56 kg 左右,头盖骨内侧为海绵状,最薄处只有 0.2～0.3 cm。头部的重量由颈椎承受,当外力作用到头(顶)部时,会传递到颈椎,颈椎的承受力超过极限,就会导致颈椎压缩骨折及头盖骨(顶骨)破裂。

根据测试,头部整体头骨的最大承受力为前头部 1 000 N/cm^2、侧头部为 400 N/cm^2。其中顶骨为 970 N/cm^2、额骨为 1 245 N/cm^2、颞骨为 N/cm^2[15]。在整个头颅骨中,顶骨、额骨、颞骨直接与防护内容有关,一般外来的侵袭均着落在这些部位(图 8-3-1)。

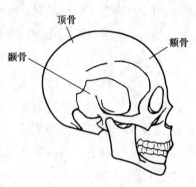

图 8-3-1　头颅骨结构

二、头部防护对安全帽的要求

根据头部的生理特点,结合作业人员的防护要求,安全帽必须实现以下价值:

(1) 外观形态(帽壳)应为等高流线形状,即圆弧形与头颅形一致(等距)。帽壳要光滑,在飞来物坠落到帽壳时,朝侧向滑去而分解冲量。

(2) 帽壳材料要有一定硬(刚)度,并且具有抗热辐射的功能,帽壳的壳顶需设有增厚顶筋来增加支撑力,并分解外来压力,帽衬柔软既能参与缓冲,也使头部有良好的触感。表 8-3-1 是安全帽抗冲击效果测试。

表 8-3-1　安全帽的抗冲击效果(利用头模试验)[16]

试验条件	5 kg 半球形锤从 1 m 高度自由落下		试验条件	戴有安全帽 5 kg 头模从 1.6 m 高度导向落下	
安全帽种类	参数	无安全帽	有安全帽	安全帽种类	参数	无安全帽	有安全帽
通用型特殊型	颈椎受力	22 246 N	≤4 900 N	车驾型	颈椎受力	35 600 N	≤9 800 N
	作用于颈椎的冲量	44.5 N·S	≤2 261 N·S		作用于颈椎的冲量	53.4 N·S	≤19.6 N·S

（3）安全帽材料要有绝缘性,防止作业人员在操作过程中受电器的伤害,电业用安全帽的绝缘电阻大于 $2 \times 10^6 \Omega$,通用型与特殊型安全帽大于 $1.2 \times 10^6 \Omega$。

（4）安全帽的帽壳内要有一定的空间余量,使空气得以流通(对流),防止头部的热量积蓄,使头部体热得以散发而具有卫生效应。

三、安全帽结构与材料

安全帽有通用型与特殊型之分。通用型指只防穿刺(在顶部及侧向)冲击,常用于建筑、运输与造船业等工作环境中。特殊型指适应不同特殊工作环境的防护帽,既具有通用型的作用,也需与特殊的工作环境匹配。如驾车用安全帽(亦称摩托车头盔),在强度、抗冲击、缓冲结构上比一般安全帽要求高;在粉尘作业环境中的安全帽还需配置防尘罩辅件;采煤采矿的井下作业环境中,安全帽还需配附照明器具;焊接作业的安全帽必须另加电焊面罩等。特殊型安全帽的选择需按劳动部门有关安全规程进行。

安全帽的基本结构可从帽壳、帽衬、重量、附件几方面来分析(图 8-3-2)[16]:

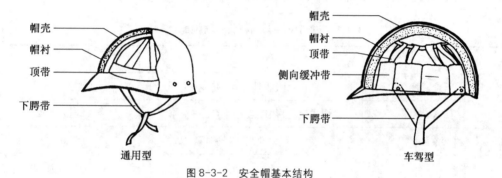

图 8-3-2 安全帽基本结构

（1）帽壳:形状为圆形或椭圆形,类似人头形态。内径尺寸长 195～250 mm、宽 170～220 mm、高 120～150 mm,两侧留有散热的透气孔,帽壳色彩为安全色(橙色)或防紫外线辐射的银色,壳内四周有软垫。

（2）帽衬:帽箍尺寸分为三个号数,1 号(610～660 mm)、2 号(570～600 mm)、3 号(510～560 mm)为大、中、小之分[16];帽箍底边到头部的佩戴高度在 80～90 mm 之间;如用塑料帽衬,需让后箍有调节功能。

（3）重量:适合的重量是保证头部舒适的条件,压力(重量)太大会损伤头与颈椎。一般来说,小沿及卷沿式安全帽在 430 g 左右,大沿及特殊安全帽在 460～690 g 左右。

（4）附件:除了帽壳、帽衬之外,有顶撑、帽箍、环带、下腭束带、侧向缓冲带、护耳等等。

安全帽材料从抗震、防穿刺、缓冲、散热等一系列功能角度考虑,以强度好、抗震强、弹性好、柔软为要求。

帽壳材料以热塑性与热固性工程塑料为主(表 8-3-2、表 8-3-3)。

表 8-3-2　帽壳材料与性能

材料名称	性能特征	缺　陷
ABS	耐油、耐化学品、尺寸稳定、耐磨	耐热性差
超高相对分子质量聚乙烯	耐化学品、耐辐射、耐寒、刚性好	耐热性差
PC(聚碳酸酯)	绝缘、耐湿、耐冲击佳	不耐碱、浓酸及有机溶剂
FRP(玻璃钢)	含有玻璃纤维的热固性塑料,强度高	/
RMC 类	酚醛树脂性热固塑料,抗拉性好、刚度好、吸收能量高	/
橡胶布	在帆布底上有橡胶涂层的材料,耐腐蚀、冲击强度大、耐弯曲	/
竹、柳、藤条	抗冲击、耐穿刺、透气性好	/

(ABC 材料,指由苯乙烯、丁二烯、丙烯腈三元接枝共聚而成的热塑性塑料)

表 8-3-3　帽衬材料与性能

材料名称	性能特征	缺陷
低压聚乙烯	抗拉、吸收能量高、防老化	—
PAD	发泡式聚乙烯、密度小、驾车安全帽衬	吸收能量效果不好
维纶、锦纶	含有弹性与拉伸强度	吸湿性差
绒布、毛呢绒类	柔软性好	弹性变形差

附：劳动防护服饰设计的系统模式

本着人体工程学"人—机—环境"为基本系统的原则,劳动防护服饰设计是从服装的角度为着装作业者提供工作条件的一种创造行为,它的研究对象可分为四个子系统:

衣：款式结构、面料质地、色彩安排、舒适性、卫生性、防护性、安全性、视觉性等设计界面组合,来满足工程的需求。

环：所处自然环境(色彩、采光、空间条件、声音、位置等)、组织环境(集体意识、心理环境、管理模式、配置方式等)、社会大环境(文化、流行、行业规则、WTO 要求等等)。

机：机械、机器及其与作业者发生直接关系的工具与设备(工作台、作业者动作范围、工作强度等)。

人：由作业者、管理者以及他们之间所形成的关系,是工程系统的中心子系统。

劳动防护服设计构思系统是一个系统工程,它主要由"设计开发程序"与"设计构思系统"组成(见下列图表)：

(1) 劳动防护服设计开发程序,如图 8-3-3 所示。

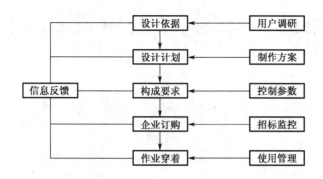

图 8-3-3 劳动防护服设计开发程序

(2) 劳动防护服设计构思系统,如图 8-3-4 所示。

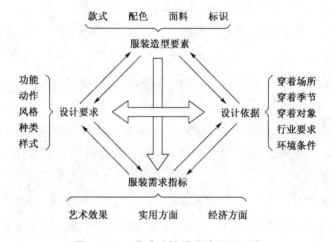

图 8-3-4 劳动防护服设计构思系统

【思考题】

1. 劳动防护服的设计依据是哪些?

2. 劳动防护服的设计应考虑哪四个系统关系?

3. 劳动防护服设计应考虑哪些生命安全的保障内容?

第一节　现代服装设计的六大理念

"人—服装—环境"系统的和谐而构成服装行为的良性生态,作为建设性职业的人体包装不能与此相悖。环境是条件,服装是手段,人是焦点。为此,我们从服装人体工程学系统内容出发,结合现代人的理念,归纳出现代服装设计必须具备的六大理念:安全、健康、舒适、功能、美观、个性。它们是人与人、人与服装、服装与环境、环境与人各个系统关系的整合,从而提升了服装设计的新理念。

第一理念:安全是基础,包括人的生理与心理安全。在防护人体的基础上,以着装人的需求特点和个性实质为中心,在安全尺寸、安全结构、安全材质、安全色彩、理化指标等方面确保人身安全,注重宜人。

第二理念:健康包括卫生学要求及环保要求,服装应参与健康平衡,对人体机能起保障作用。如对人体生理代谢、微生物量、热平衡关系、纤维与染料的化学性等危及人体现象的重视,并减少服装污染、强调再生可能。

第三理念:舒适是服装各种成分与人的要求浑然匹配而产生的从容、畅快状态。它符合人的感知、触觉要求。服装不能使人感到累赘,服装设计师的创造应回避紧束、吊勒、皱巴而引起的烦恼。在休闲西服中,摒弃领结、三角式折领衬衣,可见服装舒适性的现实意义。

第四理念:功能是现代设计最为注重的内容,服装价值以功能的绩效来权衡。服装造型中每个语言的运用及调配不仅要求美学成分,更要注重与人体机能、形态、便利程度、适应性、生理与心理需求相吻合,最大限度发挥服装效能。

第五理念:美观指文化理念的艺术实现,它体现人文精神与文化内含。服装设计师应引导人们的审美情趣,综合多种艺术效应产生自然熏陶作用,通过造型(款式)、材料、工艺、强化装饰来营造服装艺术形象。如就连手机的面板也在向服装靠拢,可以随意更换色彩,以求与时装的更替呼应。就此理念而言,服装的美观定势应保持它永远处于一个"叛逆者"的反常态形象。

第六理念:强化个人品格,注重自身存在价值是服装品位的体现。个性追求是对"大一统"服装形象的全面否定,它顺应人对物质与精神现状表现的欲求,既丰富着人们的生活情趣,也使人们的精神情操得以升华。

注重六大理念在服装设计中的运用,是服装设计走向科学化、人性化、人本化的关键。只有将以上的理念融合到一个非常和谐的切合点时,创意的灵感才符合服装人体工程的系统要求,既包含服装美学意味,又具有服装理性内容及功能妙趣。中国人民解放军军需设备研究所所长杨廷欣在 2007 年 7 月 4 日《文汇报》上撰文指出:"新军装设计中功能化、人性化是追求的理念。"

例证:07 式新军装贯穿设计理念分析:

表 9-1-1　07 式新军装贯穿理念分析

服装人体工程学的设计理念	07 式新军装贯穿功能化人性化理念的创新内容
合体——服装作为人体相互作用的一个系统	由经验转向科学、由定性转向定量、由粗放转向得体,服装结构追求合理得体,因人而异来进行"单量单裁"
三维形态与人体空间表现的人体观察效应	摒弃了传统军装男女一律上下同宽的"H"型造型,男装设计成突出肩宽的"T"型,女装则收腰身的"X"型
视知觉的审美提升	女军帽将传统的大檐帽改变为弧线造型的卷檐帽; 女军人的帽徽比男军人小一号,使视觉的心理量与客观量相等; 女军人有了专门搭配裙子的浅口皮鞋,鞋跟比传统的形态更高更细,形态美得以强化
要求在功能化与防护性方面富有绩效	夏季用于训练的款式由夹克式紧下摆改为散摆式,袖口由扣饰改为可上卷便于作战训练; 军服面料首次加入防静电染整技术的毛涤哔叽材料; 女军人毛衣用纯毛纤维织造; 军衔位置由肩部改为领部,更为醒目,驳领上预留对讲机"走线"的暗孔,肩章的缀订改用螺母加螺帽的方式使拆卸快捷
合乎标准化原则的宗旨	07 式新军服强调与国际接轨,分为礼服、常服等几十个制式;色彩也采用低明度、低纯度的冷色调为主; 所有号型与国家服装通用标准统一

第二节　六大理念与设计例证

在此,我们通过一系列设计例证(表 9-2-1),来洞察这些理念之间的关联与提升价值,如何在相互的切合中产生更佳的绩效而为设计提供参照。

表 9-2-1　理念提升前后的设计绩效评价

类别 (式样或部位)	传统与现状		新理念渗入后	
	常规设计 内容及处理	评　价	从"六大理念"出发 的创意及处理	评　价
烫画式文化衫	在前胸、后背处将印花转移纸熨(烫)压在织物上	尽管花纹精细,形象层次逼真,工艺简单,有图形美的形式意义,但是由于烫画工艺封塞了纤维之间的间隙,使文化衫要求的吸汗、透气及人体热交换产生障碍,而且面积越大(图形美效果越强),卫生功能越低(吸排汗越差),烫画处织物发硬,舒适性丧失	文化衫的最大效能是舒适、卫生、透气、抵御热辐射,美观性其次,个性要求也不是文化衫表现的主要目的。烫画装饰要注意面积把握及位置的设定,人体前胸、后背均是夏季排汗量大的区域,应回避在这些部位作闭塞性的大面积烫画,或者移位至左胸乳点部位作小面积烫画装饰	充分地让夏装体现卫生功能,对"贴画式"作科学评价
保暖内衣	棉、毛及它们与各类化纤混纺而采用不同的针织工艺	在冬日常规气温下(10℃ ～ −10℃ 之间),与外套相配合,具有保暖作用	用多种特殊纤维和复合纤维重新复合而成,经过针织工艺制成的内衣,如 KY-1.8 导湿保暖复合绒*,在日 40～日 50℃ 的低温环境下,南极科考队员穿上用此纤维制成的内衣,解决了因劳动时出汗而使内衣与人体冰冻成一体的问题;它具有保暖性特强、透气、抗风、导湿、保湿功能;在美观性上也显得轻薄柔软,对人体无副作用	将内衣的保暖功能提升到最佳绩效状态,健康性获得提升
裤类膝部 (膝关节处)	从腰际至裤口经过膝部的线条修顺,仅在松、紧的不同围度之间有变化	膝部一般不作结构上变化	前膝部正中位置增加一条纵向活裥(在 18～20 cm 之间),当人蹲下或坐状时,下肢部的大腿与小腿发生了量变,让服装结构参与这种变化,活裥在人站立时呈隐藏状态,当人下蹲时,这个量(撑开)就发生作用	强化人体形态运动中的舒适性,改变传统裤型因膝部运动产生的捆绑、牵制感;同时丰富了结构线条,别致的结构丰富了美观内容,具有个性化的表现力(一种反传统的新潮形态)

类别 （式样或部位）	传统与现状		新理念渗入后	
	常规设计 内容及处理	评　价	从"六大理念"出发 的创意及处理	评　价
低龄童装	前后衣片的色彩基本相同	低龄童着装行为比成年人更注重直观及可比性，如果让低龄童在穿衣过程中去判断前后竖开领的差异，那就不符合低龄童的身心要求。所以，要在前后衣片的色彩、装饰、工艺上有明显的差异与对比，让低龄童根据这些对比与差异来判断衣服的前后	不但在前后衣片，也要在正反识别上有明显的对比。对比的程度要强烈，并有明确的识别性。卡通图形、文字等装饰内容在前后衣片的分量与位置要有差异	便利功能在色彩与图形装饰的对比与差异中实现，使服装设计符合不同年龄着装者的身心条件
连衣裙 （夏季）	为显示女性体态的特征，经常在腰部用束带系扎	夏季的服装强调通风散热，上下体一经腰带系扎，空气对流受阻，妨碍通风换气	以连衣裙来展现女性形体的性别特征，应回避腰带（尤其是夏装），可以通过"开刀结构"及抽褶等工艺来实现收腰的意图	回避腰带，使夏装内部通风换气，上下部分呈"烟囱效应"，符合健康与卫生学的要求，良好的通风性能会增强着装者的舒适感
大龄童装 （小大人装）	童装的最大规格或成人装的最小规格	"小大人"发育还不完全，一些突显成人身材、体现成人品位的服装和放大的童装，从生理与心理两方面均不相宜	根据12～18岁年龄段身心需求及崇尚来设计，如男性对运动风格的崇尚，女性对明星的迷恋；面料上的抗紫外线、防污、防水等功能性选择；造型结构既不能像白领绅士那样经典，也不能像幼童那样追求童趣	贴切大龄童（少年）的身心特征，使设计科学化，在层次上体现服装的个性理念
雨　披	罩头式（连帽）防雨披风，前长后短，防水涂层（橡胶或PVC）面料	罩头连体使听力受阻、头部转向困难，面料不透气，安全性差	防飘处理，头部两侧增加开口的暗缝，增强了听力；后背有安全反光材料装饰；色彩用明亮的安全标志色；面料用既防水又透气的材料	增加了安全功能的设置，透气性符合人体卫生与健康要求

类别 （式样或部位）	传统与现状		新理念渗入后	
	常规设计 内容及处理	评　价	从"六大理念"出发 的创意及处理	评　价
防雨套装	茄克式上装（连帽）、下裤，防水涂层（PVC）面料，"三紧式"（袖口、裤口、领口）防止雨水渗入	增强了人体活动性，手臂能在雨中进行拐弯示意，比雨披有所改进，但不透气的面料仍不合乎人体卫生与舒适要求	用既防水又透气的"呼吸型面料"，附有标志性图形装饰，镶条用反光材料，既防雨淋又保证听力的耳部处理	安全、健康、功能、舒适、美观等均符合设计的工效要求及理念，融科学与艺术的双重性

（＊由俞兆林发明的特种纤维，获国家专利。）

　　以上例证的目的在于强调新理念的提升，必须在相互融合的整体默契中实现，"人—服装—环境"系统的匹配对于服装设计师来说不是一个口号，而是力求艺术与科学在人与服装关系上的重逢。

思考与实践：

基于人体工程学理念的防雨服饰设计创意

■ 案例一　针对自行车雨具头部的设计创意

　　现在生活中大多使用的传统雨具，具有诸多的不安全因素，那么，要设计新型防雨服饰必定要从人体工程学的角度出发，使其更安全、舒适、美观、更具合理性。

　　传统雨衣头部设计的绩效分析：①帽檐不合理、帽体不随身、遮挡视线；②无法满足头部大小不等的人的穿戴；③帽封闭，降低听力；④容易被风吹翻开；⑤倒灌水、防雨效果差。

　　新型雨衣帽子的多重安全设计构想：

　　①为了适合各种头型的人穿戴，在帽子底部加入一些褶皱，有助于固定头部，又不产生紧箍感；②帽底部打有小孔的松紧带，一来固定帽檐位置，二来调整帽子大小；③自上而下的埋线抽绳，可以纵向控制大小与帽檐；④耳朵畅听设计，朝后向的开孔设计，既可畅听行驶，又可防止向前的雨水灌入；⑤帽檐加长固，并与调节带结合，更可固定帽檐，避免遮挡视线；⑥脸下部特殊材料，增加防风、防灌水隔层可挡风雨。材料亦可参考卫生口罩与特殊PVC，以致透气、防雨。

　　相信，改良后的头部，使雨具在安全系数上有了很大的提高，对人身安全也有了保障，这才能达到人体工程学的合理标准。

（实践人：沈侒健）

■ **案例二　防雨服饰材料的探求**

　　以前的材料多是防水涂层(PVC)面料或橡胶,虽然防雨但不透气。现在有很多的尼龙绸面料,但透气性仍不够。现在有种 PTEG TPU 复合面料,由于该织物主体 PTFE 膜的微孔孔径是水滴直径的 1/5 000～1/20 000,因此,即使是最小的雨滴也不能通过。PTFE 表面吸水能力低,水滴不能在薄膜上铺展,阻止水滴通过。PTFE 层压织物兼备防水与透湿两方面的功能。所谓透湿性就是指它能把人体本身散发的蒸汽通过织物扩散或传导到外界,使汗蒸汽不积聚冷凝在体表和织物之间,人体没有发闷的感觉。当汗蒸汽凝结成汗液,此时衣服内水蒸汽压大于衣服外的水蒸汽压,如果衣服有蒸汽通道,气体就会排出体外。PTFE 薄膜的孔隙率高达 80%,平均孔径为 0.2 mm,微孔孔径大于水蒸汽分子的 700 倍,水蒸汽分子可自由通过,美国人形象的把 Gox-lex 织物这种功能称之为"breathable"(能呼吸的)。

(实践人:贾怡婕)

■ **案例三　防雨服饰的安全性与功能性设计思考**

　　为了更加完善防雨服饰的实际功效,可以在基本型上加入更多的细节设计,以求更多的防护与趣味。

　　(1) 在雨披的后身等处加入安全反光警目条,有助于夜行安全。

　　(2) 在雨披内层加入加厚柔软的防护线,尤其在关节处,可以起到行驶中防冻效果。

　　(3) 卷边槽设计,防雨水倒灌及打入内侧。

　　(4) 内侧的大口袋设计,可以放置一些行驶中需要的如纸巾、手机等物品。

　　(5) 脚套的防滑加层,可以让有脚套的雨衣使用时更安全防滑,也更舒适。

　　(6) 情侣雨衣及带人雨衣设计,可是成人式的,也可是亲子式的。

　　相信,这些功能按不同需要加置于雨衣中,一定会使得日常雨具更为完善与人性化。

(实践人:丁怡)

【思考题】

　　1. 现代服装设计中六大理念的重要性是什么?

　　2. 如何协调服装设计中人与环境的关系?

　　3. 请结合自身实践谈设计服装如何做到"以人为本"的理念。

人体关节活动度参考（与服装结构有关部分）

关节名称	活动种类	角度（平均值）
髋关节	屈	120°
	伸	10°
	外　展	45°
	内　收	30°
	旋　内	45°
	旋　外	45°
膝关节	由伸至屈	135°
肩关节	屈	180°
	伸	60°
	外　展	180°
	内　收	75°
	旋　内	70°
	旋　外	90°
肘关节	由伸至屈	150°
颈段脊柱	屈	45°
	伸	45°
	侧　屈	45°
	旋　转	60°
胸段脊柱和腰段脊柱	屈	80°
	伸	30°
	侧　屈	35°
	旋　转	45°

男性成年人服装新号型标准（1998 年 6 月实施）

(M-1)　　　　　　　　　　　　　　　　　　　　　　　　　　　　　　　单位：cm

Y 体 型

胸围＼身高（腰围）	155		160		165		170		175		180		185	
76			56	58	56	58	56	58						
80	60	62	60	62	60	62	60	62	60	62				
84	64	66	64	66	64	66	64	66	64	66	64	66		
88	68	70	68	70	68	70	68	70	68	70	68	70	68	70
92			72	74	72	74	72	74	72	74	72	74	72	74
96					76	78	76	78	76	78	76	78	76	78
100							80	82	80	82	80	82	80	82

（Y 体型——表示胸围与腰围的差数在 17～22 cm 之间）

(M-2)　　　　　　　　　　　　　　　　　　　　　　　　　　　　　　　单位：cm

A 体 型

胸围＼身高（腰围）	155			160			165			170			175			180			185		
72				56	58	60	56	58	60												
76	60	62	64	60	62	64	60	62	64	60	62	64									
80	64	66	68	64	66	68	64	66	68	64	66	68	64	66	68						
84	68	70	72	68	70	72	68	70	72	68	70	72	68	70	72	68	70	72			
88	72	74	76	72	74	76	72	74	76	72	74	76	72	74	76	72	74	76	72	74	76
92				76	78	80	76	78	80	76	78	80	76	78	80	76	78	80	76	78	80
96							80	82	84	80	82	84	80	82	84	80	82	84	80	82	84
100										84	86	88	84	86	88	84	86	88	84	86	88

（A 体型——表示胸围与腰围的差数在 12～16 cm 之间）

(M-3) 单位：cm

B 体 型

胸围＼腰围＼身高	150		155		160		165		170		175		180		185	
72	62	64	62	64	62	64										
76	66	68	66	68	66	68	66	68								
80	70	72	70	72	70	72	70	72	70	72						
84	74	76	74	76	74	76	74	76	74	76	74	76				
88			78	80	78	80	78	80	78	80	78	80	78	80		
92			82	84	82	84	82	84	82	84	82	84	82	84	82	84
96					86	88	86	88	86	88	86	88	86	88	86	88
100							90	92	90	92	90	92	90	92	90	92
104									94	96	94	96	94	96	94	96
108											98	100	98	100	98	100

（B体型——表示胸围与腰围的差数在 7～11 cm 之间）

(M-4) 单位：cm

C 体 型

胸围＼腰围＼身高	150		155		160		165		170		175		180		185	
76			70	72	70	72	70	72								
80	74	76	74	76	74	76	74	76	74	76						
84	78	80	78	80	78	80	78	80	78	80	78	80				
88	82	84	82	84	82	84	82	84	82	84	82	84	82	84		
92			86	88	86	88	86	88	86	88	86	88	86	88	86	88
96			90	92	90	92	90	92	90	92	90	92	90	92	90	92
100					94	96	94	96	94	96	94	96	94	96	94	96
104							98	100	98	100	98	100	98	100	98	100
108									102	104	102	104	102	104	102	104
112											106	108	106	108	106	108

（C体型——表示胸围与腰围的差数在 2～6 cm 之间）

女性成年人服装新号型标准（1998 年 6 月实施）

（W-1）   单位：cm

Y 体 型

胸围＼身高腰围	145		150		155		160		165		170		175	
72	50	52	50	52	50	52	50	52						
76	54	56	54	56	54	56	54	56	54	56				
80	58	60	58	60	58	60	58	60	58	60	58	60		
84	62	64	62	64	62	64	62	64	62	64	62	64	62	64
88	66	68	66	68	66	68	66	68	66	68	66	68	66	68
92			70	72	70	72	70	72	70	72	70	72	70	72
96					74	76	74	76	74	76	74	76	74	76

（Y 体型——表示胸围与腰围的差数在 19～24 cm 之间）

（W-2）   单位：cm

A 体 型

胸围＼身高腰围	145			150			155			160			165			170			175		
72				54	56	58	54	56	58	54	56	58									
76	58	60	62	58	60	62	58	60	62	58	60	62	58	60	62						
80	62	64	66	62	64	66	62	64	66	62	64	66	62	64	66	62	64	66			
84	66	68	70	66	68	70	66	68	70	66	68	70	66	68	70	66	68	70	66	68	70
88	70	72	74	70	72	74	70	72	74	70	72	74	70	72	74	70	72	74	70	72	74
92				74	76	78	74	76	78	74	76	78	74	76	78	74	76	78	74	76	78
96							78	80	82	78	80	82	78	80	82	78	80	82	78	80	82

（A 体型——表示胸围与腰围的差数在 14～18 cm 之间）

B 体 型

胸围＼身高／腰围	145		150		155		160		165		170		175	
68			56	58	56	58	56	58						
72	60	62	60	62	60	62	60	62	60	62				
76	64	66	64	66	64	66	64	66	64	66				
80	68	70	68	70	68	70	68	70	68	70	68	70		
84	72	74	72	74	72	74	72	74	72	74	72	74	72	74
88	76	78	76	78	76	78	76	78	76	78	76	78	76	78
92	80	82	80	82	80	82	80	82	80	82	80	82	80	82
96			84	86	84	86	84	86	84	86	84	86	84	86
100					88	90	88	90	88	90	88	90	88	90
104							92	94	92	94	92	94	92	94

（B体型——表示胸围与腰围的差数在 9～13 cm 之间）

C 体 型

胸围＼身高／腰围	145		150		155		160		165		170		175	
68	60	62	60	62	60	62								
72	64	66	64	66	64	66	64	66						
76	68	70	68	70	68	70	68	70						
80	72	74	72	74	72	74	72	74	72	74				
84	76	78	76	78	76	78	76	78	76	78	76	78		
88	80	82	80	82	80	82	80	82	80	82	80	82		
92	84	86	84	86	84	86	84	86	84	86	84	86	84	86
96			88	90	88	90	88	90	88	90	88	90	88	90
100			92	94	92	94	92	94	92	94	92	94	92	94
104					96	98	96	98	96	98	96	98	96	98
108							100	102	100	102	100	102	100	102

（C体型——表示胸围与腰围的差数在 4～8 cm 之间）

中国成人若干身体项目静态测量值（1988 年标准）

单位：mm

项　　目	男(18～60 岁)			女(18～55 岁)		
	P_5	P_{50}	P_{95}	P_5	P_{50}	P_{95}
1　身　　高	1 583	1 678	1 775	1 484	1 570	1 659
2　体重(kg)	48	59	75	42	52	66
3　上 臂 长	289	313	338	262	284	308
4　前 臂 长	216	237	258	193	213	234
5　大 腿 长	428	465	505	402	438	476
6　小 腿 长	338	369	403	313	344	376
7　眼　　高	1 474	1 568	1 664	1 371	1 454	1 541
8　肩　　高	1 281	1 367	1 455	1 195	1 271	1 350
9　肘　　高	954	1 024	1 096	899	960	1 023
10　手功能高	680	741	801	650	704	757
11　胫骨点高	409	444	481	377	410	444
12　坐　　高	858	908	958	809	855	901
13　坐姿颈椎点高	615	657	701	579	617	657
14　坐姿眼高	749	798	847	695	739	783
15　坐姿肩高	557	598	641	518	556	594
16　坐姿肘高	228	263	296	215	251	284
17　坐姿大腿厚	112	130	151	113	130	151
18　坐姿膝高	456	493	532	424	458	493
19　小腿加足高	383	413	448	342	382	405
20　坐　　深	421	457	494	401	433	469
21　臀 膝 距	515	554	595	495	529	570
22　坐姿下肢长	921	992	1 063	851	912	975
23　胸　　宽	253	280	315	233	260	299
24　胸　　厚	186	212	245	170	199	239
25　肩　　宽	344	375	403	320	351	377
26　最大肩宽	398	431	469	363	397	438
27　臀　　宽	282	306	334	290	317	346

项 目	男(18～60岁)			女(18～55岁)		
	P_5	P_{50}	P_{95}	P_5	P_{50}	P_{95}
28 坐姿臀宽	295	321	355	310	344	382
29 坐姿两肘间宽	371	422	489	348	404	478
30 胸 围	791	867	970	745	825	949
31 腰 围	650	735	895	659	772	950
32 臀 围	805	875	970	824	900	1 000

(注：P_5、P_{50}、P_{95}表示测量总体的第五、第五十、第九十五百分位的人体尺寸——参见中华人民共和国国家标准《工作空间人体尺寸》)

中国各大区域成人男女身高、胸围、体重测量值

（1988 年标准）

项 目		男(18～60岁)						女(18～55岁)					
		东北华北	西北	东南	华中	华南	西南	东北华北	西北	东南	华中	华南	西南
身高(mm)	均 值	1 693	1 684	1 686	1 669	1 650	1 647	1 586	1 575	1 575	1 560	1 549	1 546
	标准差	56.6	53.7	55.2	56.3	57.1	56.7	51.8	51.9	50.8	50.7	49.7	53.9
胸围(mm)	均 值	888	880	865	853	851	855	848	837	831	820	819	809
	标准差	55.5	51.5	52.0	49.2	48.9	48.3	66.4	55.9	59.8	55.8	57.6	58.8
体重(kg)	均 值	64	60	59	57	56	55	55	52	51	50	49	50
	标准差	8.2	7.6	7.7	6.9	6.9	6.8	7.7	7.1	7.2	6.8	6.5	6.9

中国成人男女不同年龄段的身体尺寸变化举例

（1988 年标准）

单位：mm

项 目		18～25岁	26～35岁	36～60岁(女36～55岁)
男	身 高	1 686	1 683	1 667
	上臂长	313	314	313
	坐 高	910	911	904
女	身 高	1 580	1 572	1 560
	上臂长	286	285	282
	坐 高	858	857	851

(参见中华人民共和国国家标准《工作空间人体尺寸》)

服装形态、类别涉及的人体部位、主要工程内容

名　　称	人体部位	形态的分类	主要工效内容
连裙装（连衣裙）	躯干、四肢	是指衣身与下半身的衣服连接在一起的总称。可略称为 onepiece	上下空气对流为宜，夏日连衣裙回避紧束腰带
套装、两件套	躯干、四肢	上衣(jacket)与裙子分开形态的称谓。有西装型套装(tailored suit)、香乃尔套装(chanel suit)、裤套装(pants suit)等，有上下装用相同布料、与不同布料搭配制成的套装	修长感、线型与色彩协调，结构稳定，空间量适中
组合式套装（ensemble）	同上	有互相调和为一套的含意，连裙装与上衣、套装与大衣或背心与套装的组合服装	同上
外　套	同上	穿在所有衣服最外层的衣服，有不同名称与用途	同上
背　心	躯　干	穿在上半身无袖的衣服，可与套装作为三件一套，或与上衣、裙子互相组合，可在穿用方式上加以变化搭配	与体表空间量适中（松紧适度），尺寸稳定
衬　衫	躯干、上肢	包覆在上半身宽松的衣服，可分为 overblouse(外上衣——穿在裙子外面的上衣)与 tuck-in blouse(内上衣——将衣摆塞进裙腰或裤腰内的上衣)	考虑透气、吸湿、定型性及其静电值物化指标
裙　子	臀、腿	是包裹下半身的衣服，自窄型至宽松型的轮廓有多种型态，裙长的变化也很多	腰部压力问题及裙摆尺寸不能小于腿部活动度
裤　子	同上	是有裤腿的下装，其用途、设计、名称等随流行(mode)有多种变化	腰部压力、臀部空间量适度
背心裤（背带裤）	躯干、下肢	衣身与下装相连。本来是机械工人的工作服，而现在的应用设计 Jump suit 已广泛地受年轻人喜爱	能调节吊带松紧度，宽松风格，不能超越人体活动最佳放量尺寸

服装类别涉及的人体部位、主要工程内容

名　称		人体部位	女　装	男　装	主要功效内容
正式礼服	结婚礼服	全　身	结婚典礼时新娘所穿的礼服。配合婚礼的气氛，自拖地长裙(train)至短裙式的衣裳，有各种式样。头纱(head dress)或其他服饰品，常以白色为基本色	礼服夜间半正式礼服(taxedo)	强化性别形态的修形感，男装尺寸稳定，女装尺寸具有可塑性，刚柔力量对比

名　称		人体部位	女　装	男　装	主要功效内容
正式礼服	表服	同上	以没有装饰的简单朴素的装扮为主,夏季也尽量不露出皮肤为宜,服饰品全部使用黑色或深色	礼服、黑色西装(black suit)	在夏日阳光的室外环境中,要慎用
	访问服	躯干、四肢	白天穿用的礼服,参加结婚典礼、毕业典礼时穿用的礼服,以配合典礼气氛,稳重优雅的设计为宜	礼　服	常规要求
	晚礼服	自　由	夜间的礼服,正式的晚宴会时穿用的长礼服(long dress),亦称为robe decollete,非正式场合时的衣长及设计可自由变化	燕尾服夜间半正式礼服	常规要求
	晚宴服	同上	在非正式晚宴会的穿着,宜配合气氛选用轻快华丽的装扮	夜间半正式礼服	艺术效果大于服用机能
	鸡尾酒会装	同上	傍晚至夜间的鸡尾酒会时穿着,装扮的要素较强,以具有个性的装扮为宜	双排纽扣(double)或单排纽扣(single)西装	同上
	宴会装	同上	配合宴会的目的与气氛,以华丽的装扮为宜	配合女性的装扮而穿用	同上
外出服装	上街服	躯干、四肢	上街时服装的总称,以轻松简便,休闲为宜		常规要求
	上学服	同上	上学时的服装,以简单朴素(simple)富青春活力的组合套装为宜,具有标志性,统一性的特征		耐污性、可洗性、尺寸稳定性,安全性
	上班服	同上	上班时穿用的服装,以适合各种工作场所与工种组合为宜,具有团体识别特征		适应工作空间防护要求,安全性
家常服装	家常服	自　由	以适应做家事,有机能性,易穿、易保养的服装为宜		常规要求
	围裙	腹部	以预防污染为目的而穿在衣服的外面,分为有胸裆的围裙、短圆裙(salon apron)及有袖子的圆裙		防护(油、水等)性能
家居服装	家居服	躯干、四肢	室内衣的一种,以宽松、舒适的衣服为宜		常规要求
	浴袍	同上	洗澡后直接穿在身体上,可吸取肌肤湿气的室内衣、宜以毛巾布等来缝制		吸水性、柔软性
	睡衣裤	同上	上衣与裤子分开组合的睡衣,依季节变化选用不同的材质,以触感柔软的材质为佳		卫生保洁性,柔软度
	睡衣	同上	一件式的睡衣,材质、色彩、均以柔软而优雅的设计为宜		卫生保洁性,柔软度

服装人体

166

工程学与设计

	名　称	人体部位	女　装	男　装	主要功效内容
运动服装	网球装	躯干、上肢、臀部	多以白衬衫与迷你裙(mini skirt)为主,或与裤裙的搭配作为强调,也可采用其他颜色来设计,材质以吸汗、透气的针织品为宜		材料吸、排汗指标
	滑雪装	全　身	以保暖、耐寒、防水的设计与材料为主,有一件式或上下分开组合式及裤装式样等		材料防水与透气性能为宜(呼吸型面料)
	溜冰装	躯干为主	多以毛线衣(sweater)与裤子的轻快(sporty)组合为主,花式溜冰装(figureskate)是贴身的上身与迷你裙的组合,以显示个性及优美动作设计为宜;快速溜冰则是全部贴身的设计为主		弹力修形的弹性指标与式样配合

参考文献

［1］宋祖祥. 人类工效学[M]. 杭州:浙江教育出版社,1994.

［2］[日]林喜男. 人机系统的设计[M]. 人间技术社,1971.

［3］[英]雅格鲁. 服装松紧与热环境[J]. 卫生工业月刊,1947.

［4］[日]弓削治. 服装卫生学[M]. 北京:中国纺织工业出版社,1984.

［5］陈聿强. 艺用人体结构运动学[M]. 上海:上海人民美术出版社,1984.

［6］张宝才. 人体艺术解剖学[M]. 沈阳:辽宁美术出版社,1983.

［7］中国纺织大学教材. 服装人体工程学[M]. 1990.

［8］[日]实践大学教材. 文化服装讲座[M]. 1989.

［9］许期颐. 经编弹力织物设计生产与设备[M]. 北京:中国纺织工业出版社,1991.

［10］贾汝偊. 服饰概论[M]. 哈尔滨:黑龙江教育出版社,1995.

［11］张春兴. 现代心理学[M]. 上海:上海人民出版社,1994.

［12］阿恩海姆. 艺术与视知觉[M]. 北京:中国社会科学出版社,1984.

［13］张福昌. 造型基础[M]. 北京:北京理工大学出版社,1994.

［14］雷伟. 服装百科辞典[M]. 北京:学苑出版社,1994.

［15］孙延林. 劳动保护用具及其质量检验手册[M]. 北京:北京科学技术出版社,1990.

［16］美国韦恩州大学生物力学研究中心测试报告[R]. 1987.

后 记

这是一本从服装设计师角度审视人体工程学的教材,目的是为设计师在设计创意、制作呈现等一系列程序中,将"以人为本"的科学性、功能性、卫生性、绩效性融汇于服装艺术创造的理念之中。

原《服装人体工效学与服装设计》一书于 2000 年 4 月由中国轻工业出版社出版首版,2008 年 1 月由东华大学出版社出版修订版,问世后得到各方面读者以及专业院校师生的热心关注与鼓励,先后有多家院校开始使用本书作为教材,2005 年 5 月入选上海市精品课程服装人体工程学专用教材及中国纺织服装教育学会"十一五"部委级优秀教材,次年又随网络视频课程的拓展,向全社会公开本书内容,获得各方赞誉认同。

服装设计中的人体工程学理念在现今社会属于一种新智的艺术科学化范畴,随着科技现代化、设计人性化等要求不断强化,要求本书在"以人为本"的设计理念下,对新智科学带来的服装设计综合绩效提升作与日俱进的理念提升。在此前提下,本次第二次修订,着重充实了各章节的实训报告,使之更具有指导性和参考性。

本次修订版的图文整理由丁怡女士协助完成,谨此机会,表示感谢!

作 者

2015.1